遷移金属のバンド理論

小口 多美夫 著

内田老鶴圃

本書の全部あるいは一部を断わりなく転載または
複写(コピー)することは，著作権および出版権の
侵害となる場合がありますのでご注意下さい．

元素の周期表

	1 IA	2 IIA	3 IIIA	4 IVA	5 VA	6 VIA	7 VIIA	8	9 VIIIA	10	11 IB	12 IIB	13 IIIB	14 IVB	15 VB	16 VIB	17 VIIB	18 VIIIB
1	1 H																	2 He
2	3 Li	4 Be											5 B	6 C	7 N	8 O	9 F	10 Ne
3	11 Na	12 Mg											13 Al	14 Si	15 P	16 S	17 Cl	18 Ar
4	19 K	20 Ca	21 Sc	22 Ti	23 V	24 Cr	25 Mn	26 Fe	27 Co	28 Ni	29 Cu	30 Zn	31 Ga	32 Ge	33 As	34 Se	35 Br	36 Kr
5	37 Rb	38 Sr	39 Y	40 Zr	41 Nb	42 Mo	43 Tc	44 Ru	45 Rh	46 Pd	47 Ag	48 Cd	49 In	50 Sn	51 Sb	52 Te	53 I	54 Xe
6	55 Cs	56 Ba	LA	72 Hf	73 Ta	74 W	75 Re	76 Os	77 Ir	78 Pt	79 Au	80 Hg	81 Tl	82 Pb	83 Bi	84 Po	85 At	86 Rn
7	87 Fr	88 Ra	AC	104 Rf	105 Db	106 Sg	107 Bh	108 Hs	109 Mt	110 Ds	111 Rg	112 Cn	113 Uut	114 Uuq	115 Uup	116 Uuh	117 Uus	118 Uuo

LA	57 La	58 Ce	59 Pr	60 Nd	61 Pm	62 Sm	63 Eu	64 Gd	65 Tb	66 Dy	67 Ho	68 Er	69 Tm	70 Yb	71 Lu
AC	89 Ac	90 Th	91 Pa	92 U	93 Np	94 Pu	95 Am	96 Cm	97 Bk	98 Cf	99 Es	100 Fm	101 Md	102 No	103 Lr

- 非金属元素
- 希ガス元素
- 典型金属元素
- 半金属元素
- 遷移金属元素
- ランタノイド・アクチノイド系元素

まえがき

"You can not understand it,
　　　until you know how to calculate it."　J.C. Slater

　前著「バンド理論―物質科学の基礎として―」が発刊されたのが 1999 年である．その後，バンド理論の重要性は，第一原理計算のより広範な物質系への応用が活発化する中で益々高まり，拙著は物質科学はもとより，物性物理学，固体化学等々の分野の固体電子論を学ぶ多くの方々にご愛読，ご活用いただいている．その一方で，具体的な物質系へのバンド理論の応用に際して，その電子状態や物性発現の電子論的機構に関して理解の助けとなる参考書を求める声も機会あるたびにうかがってきた．しかしながら，現在注目を集めている物質系だけでも多岐にわたり，その電子状態や関連する物性に関しては個々の研究報告や解説記事が多数存在している．そこで，本書では物質系としてもその電子状態としても多くのケースに対する基本となり，その物性にもいくつかの興味のある遷移金属系に話題を絞り，バンド理論の応用の一面を記すことにした．

　遷移金属の電子状態は d 軌道の存在によって特徴付けられる．これが d 金属とも呼ばれる理由である．本書において読者にはまず，d 軌道のもつ特殊性を理解していただこう．"仮想束縛状態 (virtual bound state)" という局在と非局在の中間的状態を表現する概念がその特殊性を端的に表している．d 軌道の五重の軌道縮退度も重要である．その角度依存性に基づいて，遷移金属サイト周りの配位構造や対称性によって結晶場や軌道混成が大きく変わる．同じ軌道エネルギー領域に自身の sp 軌道が存在することも特徴的である．これらの要因がいくつも重なって，遷移金属系に多様性が生まれる．

　本書では，具体的な遷移金属系へのバンド理論の応用として，遷移金属の凝集と磁性を取り上げる．現在，遷移金属酸化物を代表とする遷移金属化合物系の電子状態と物性により多くの注目が集まっていることからも，その基礎となる

i

単体遷移金属そのものの電子状態を理解していただくことがまず重要であろう．

電子状態計算には，その基礎となる固体電子論に関する基礎的な事項や数学的概念が多く含まれる．実際の定式化や結果の解釈には必要不可欠なことが日常茶飯事である．前著「バンド理論—物質科学の基礎として—」で取り上げることができなかった基礎的項目について，いくつかを付録として載せた．また，多くの事項は，前著との関係も重要であり，"バンド理論 I" として本文内でしばしば引用している．しかしながら，説明の流れから一部本文内で前著と重複して記述されている事項もあることをご了解いただきたい．

最後に内田老鶴圃編集部，特に内田学氏には本書の企画・立案から脱稿，校正にわたり激励・アドバイスを含め継続的にサポートをいただいた．深く感謝したい．

2012 年 5 月，大阪

小口 多美夫

目次

まえがき i

第1章 遷移金属の電子状態　　　　　　　　　　　　　　　　　1

1.1 遷移元素とは 1
1.2 遷移元素の原子における電子状態 2
   1.2.1 球対称ポテンシャルに対する変数分離解 2
   1.2.2 動径関数―仮想束縛状態 4
   1.2.3 Anderson 模型 7
1.3 LCAO 法と強束縛近似法 7
   1.3.1 LCAO 法 7
   1.3.2 強束縛近似法 9
   1.3.3 Slater-Koster の表 10
   1.3.4 単純立方格子のバンド構造 13
1.4 強束縛近似パラメータ 17
1.5 遷移金属の電子状態の特徴 18
   1.5.1 bcc, hcp, fcc 構造の Brillouin ゾーン 18
   1.5.2 bcc 構造 Cr のバンド構造 20
   1.5.3 バンド構造の結晶構造による違い 23

第2章 遷移金属の凝集機構　　　　　　　　　　　　　　　　　31

2.1 ヴィリアル定理 32
2.2 一般的性質に関する実験事実 37
2.3 Friedel の模型 40
2.4 構造間のエネルギー差と安定機構 41

iii

2.4.1　Friedel 理論の拡張 ································· 42
　　　2.4.2　第一原理計算による検証 ··························· 44
　2.5　Gelatt の再規格化原子法 ································· 47
　2.6　ヴィリアル定理による凝集機構の解析 ······················ 50
　　　2.6.1　第一原理計算での圧力の表式 ······················· 50
　　　2.6.2　Williams による凝集機構の解析 ···················· 51

第 3 章　遷移金属の磁性　　　　　　　　　　　　　　　　　　57
　3.1　磁性に関する実験事実 ···································· 57
　3.2　種々の磁気秩序 ··· 58
　3.3　磁気モーメント ··· 60
　3.4　軌道角運動量の消失 ····································· 62
　3.5　Pauli 常磁性 ··· 63
　3.6　常磁性状態の不安定化 ··································· 64
　　　3.6.1　Stoner 模型 ····································· 64
　　　3.6.2　Janak による Stoner 条件の解析 ··················· 67
　3.7　一般的な磁気秩序の発現機構 ······························ 69
　　　3.7.1　非局所帯磁率 ···································· 69
　　　3.7.2　現実的なバンド構造に基づく非局所帯磁率 ············ 75

付録 A　Legendre 関数　　　　　　　　　　　　　　　　　　　79
　A.1　Legendre 関数の表現 ···································· 79
　A.2　Legendre 陪関数の表現 ·································· 80

付録 B　球面調和関数　　　　　　　　　　　　　　　　　　　　83

付録 C　立方調和関数　　　　　　　　　　　　　　　　　　　　87

目次 v

付録D 点群と回転操作 　　　　　　　　　　　　　　　91
　D.1　二次元空間での回転 ･････････････････････････････ 91
　D.2　三次元空間での回転と点群操作 ････････････････････ 92
　D.3　Euler 角 ･･････････････････････････････････････ 96
　D.4　関数の回転 ････････････････････････････････････ 99
　D.5　球面調和関数の回転 ････････････････････････････100

付録E 空　間　群 　　　　　　　　　　　　　　　　　　103
　E.1　対称操作 ･････････････････････････････････････103
　E.2　既約表現 ･････････････････････････････････････104
　E.3　並進群 ･･･････････････････････････････････････104
　E.4　波数ベクトルの回転 ････････････････････････････105
　E.5　k 群 ･･106
　E.6　球面波表示の波動関数の回転 ･････････････････････107
　E.7　平面波表示の波動関数の回転 ･････････････････････109
　E.8　恒等表現の構築 ････････････････････････････････110

付録F　Green 関数 　　　　　　　　　　　　　　　　　　115
　F.1　Green 関数と状態密度 ･･･････････････････････････115
　F.2　Dyson 方程式 ･････････････････････････････････116

引用文献 　　　　　　　　　　　　　　　　　　　　　　119
索　　引 　　　　　　　　　　　　　　　　　　　　　　121

第1章
遷移金属の電子状態

"The general properties of the transition elements are: 1. They are usually high melting point metals. 2. They have several oxidation states. 3. They usually form colored compounds. 4. They are often paramagnetic." Transition Elements[*1]

1.1 遷移元素とは

　現在よく使用されている元素の周期表は，図 1.1 に示すように，その縦列として 1 族から 18 族までを並べ，ランタノイド族とアクチノイド族を別枠にしているいわゆる長周期のものが多数である（新 IUPAC 方式）．少し前まで，旧 IUPAC 方式の長周期表では現在の周期表の 1–7 族が IA–VIIA 族，8–10 族が VIIIA 族，11–18 族が IB–VIIIB 族となっていた[*2]．元々は，歴史的に物理的・化学的性質の類似な元素を集めた時代の名残りとして，A 族から B 族へ移り変わる（遷移する）元素の意味から，VIIIA 族元素が遷移元素（transition element）と呼ばれていた．その後，錯体分子や化合物系のような物質中で種々の陽イオン価数を取り得るという意味を含め，不完全 d 殻を有する元素を広く遷移元素と呼ぶことが多くなった．一方，そのような不完全 d 殻をもたない金属元素，すなわち sp 軌道が金属的性質に主として関わる元素を典型金属元素と呼んでいる（口絵参照）．

　遷移元素は単体として常温常圧で，体心立方（body-centered cubic (bcc)）構造，面心立方（face-centered cubic (fcc)）構造，もしくは六方最密（hexagonal close-packed (hcp)）構造のいずれかの最密な結晶構造を有するよい金属となる．

[*1] http://hyperphysics.phy-astr.gsu.edu/hbase/pertab/tranel.html
[*2] 別の AB 亜族の命名として旧 CAS 方式もある．

	1	2	3	4	5	6	7	8	9	10	11	12	13	14	15	16	17	18
	IA	IIA	IIIA	IVA	VA	VIA	VIIA		VIIIA		IB	IIB	IIIB	IVB	VB	VIB	VIIB	VIIIB
1	1 H																	2 He
2	3 Li	4 Be											5 B	6 C	7 N	8 O	9 F	10 Ne
3	11 Na	12 Mg											13 Al	14 Si	15 P	16 S	17 Cl	18 Ar
4	19 K	20 Ca	21 Sc	22 Ti	23 V	24 Cr	25 Mn	26 Fe	27 Co	28 Ni	29 Cu	30 Zn	31 Ga	32 Ge	33 As	34 Se	35 Br	36 Kr
5	37 Rb	38 Sr	39 Y	40 Zr	41 Nb	42 Mo	43 Tc	44 Ru	45 Rh	46 Pd	47 Ag	48 Cd	49 In	50 Sn	51 Sb	52 Te	53 I	54 Xe
6	55 Cs	56 Ba	LA	72 Hf	73 Ta	74 W	75 Re	76 Os	77 Ir	78 Pt	79 Au	80 Hg	81 Tl	82 Pb	83 Bi	84 Po	85 At	86 Rn
7	87 Fr	88 Ra	AC	104 Rf	105 Db	106 Sg	107 Bh	108 Hs	109 Mt	110 Ds	111 Rg	112 Cn	113 Uut	114 Uug	115 Uup	116 Uuh	117 Uus	118 Uuo

LA	57 La	58 Ce	59 Pr	60 Nd	61 Pm	62 Sm	63 Eu	64 Gd	65 Tb	66 Dy	67 Ho	68 Er	69 Tm	70 Yb	71 Lu
AC	89 Ac	90 Th	91 Pa	92 U	93 Np	94 Pu	95 Am	96 Cm	97 Bk	98 Cf	99 Es	100 Fm	101 Md	102 No	103 Lr

図 1.1　元素の周期表.

典型金属と比べて，融点が高い（例えばタングステン W の融点は 3380°C)，強磁性をもつ（鉄 Fe，コバルト Co，ニッケル Ni)，単体としては高い転移温度の超伝導を示す（ニオブ Nb の超伝導転移温度は 9.22 K）等々，特異で多彩な物性を呈する．これらはいずれも d 状態が不完全殻であることに起因しているものと考えられている．

本章では，まずこの遷移元素の原子としての，そして結晶（遷移金属）としての電子状態のもつ特徴を概観し，次章以降での遷移金属の具体的な物性に関する議論の基礎を築こう．

1.2　遷移元素の原子における電子状態

1.2.1　球対称ポテンシャルに対する変数分離解

ここでは，ある球対称ポテンシャル $v(r)$ をもつ原子系の一電子ハミルトニアン

$$\mathcal{H} = -\frac{\hbar^2}{2m}\nabla^2 + v(r) \tag{1.1}$$

1.2 遷移元素の原子における電子状態

に対する時間に依存しない Schrödinger 方程式の固有解

$$\mathcal{H}\psi(\boldsymbol{r}) = \varepsilon\psi(\boldsymbol{r}) \tag{1.2}$$

を求める問題を考えよう[*3].

量子力学の教科書に必ず載っている水素様原子の問題と同様に，その解は極座標表示における変数分離型として

$$\psi_{nlm}(\boldsymbol{r}) = R_{nl}(r)Y_{lm}(\theta,\phi) \tag{1.3}$$

と得られる．ここで，$\boldsymbol{r} = (r,\theta,\phi)$ は極座標変数，$R_{nl}(r)$ は動径 r の解としての動径関数，$Y_{lm}(\theta,\phi)$ は角度変数 θ,ϕ の解としての球面調和関数（付録 B 参照），(n,l,m) は量子力学的状態を区別する量子数で，それぞれ，(主量子数, 軌道角運動量子数（もしくは単に方位量子数），磁気量子数) と呼ばれる．

ここで重要な点は，これらの量子数のうち，方位量子数，磁気量子数は，球面調和関数 Y_{lm} が軌道角運動量演算子 $\boldsymbol{l} = \boldsymbol{r} \times \boldsymbol{p} = \boldsymbol{r} \times (-i\hbar\boldsymbol{\nabla})$ の自乗 $\boldsymbol{l}^2 = l_x^2 + l_y^2 + l_z^2$ とその一つの成分（通常 z 成分）の同時固有関数であることに基づいている．

$$\boldsymbol{l}^2 Y_{lm}(\theta,\phi) = l(l+1)\hbar^2 Y_{lm}(\theta,\phi) \tag{1.4}$$

$$l_z Y_{lm}(\theta,\phi) = m\hbar Y_{lm}(\theta,\phi) \tag{1.5}$$

この方位量子数は負でない整数値 ($l = 0, 1, 2, 3, \cdots$) を，磁気量子数は ($-l \leq m \leq +l$) を満たす整数値を取り得て，ある l 軌道は m に関して $(2l+1)$ 重に縮退している．ちなみに，l の異なる状態は，$l = 0, 1, 2, 3, \cdots$ に対して，それぞれ $s, p, d, f, \cdots$ 軌道とも呼ばれている．球面調和関数 Y_{lm} の具体的な表式および規格直交性は付録 B に詳しく載せられている．なお，主量子数 n は，同じ (l,m) をもつ軌道を区別する量子数で，次節で述べる動径関数の節（動径関数

[*3] ここでは簡単のため，非相対論的な枠組みの中でスピンの自由度を明示しないで議論を進めるが，後に必要に応じ相対論的な効果やスピン関数を含めていくことにする．

が有限の r について 0 値をとるところ）の数に関係している．

1.2.2 動径関数—仮想束縛状態

動径関数 $R_{nl}(r)$ は，Rydberg 原子単位系（$\hbar = 1$, $e^2 = 2$, $m = 1/2$）の下で，固有エネルギーを ε_{nl} として，変数分離の過程により得られる次の動径方程式を満たす．

$$\left[-\frac{d^2}{dr^2} - \frac{2}{r}\frac{d}{dr} + \frac{l(l+1)}{r^2} + v(r) - \varepsilon_{nl}\right] R_{nl}(r) = 0 \tag{1.6}$$

(1.6) 左辺括弧内の第 1，2 項は元々のハミルトニアン (1.1) の第 1 項の運動エネルギー演算子から，第 3 項は変数分離に伴い現れた見かけの遠心力ポテンシャルである．動径関数が $r \to \infty$ で 0 になる解，すなわち束縛状態に対する固有エネルギー ε_{nl} は，ポテンシャルが単純な $1/r$ 型である水素様原子の場合には軌道角運動量 l 依存性がなく主量子数 n だけで表されたが，ここで考えている一般的な球対称ポテンシャル $v(r)$ の場合には，l 依存性も現れることに注意すべきである．なお，動径関数の節の数は，主量子数 n と軌道角運動量子数 l で $(n - l - 1)$ と与えられる．逆に，主量子数 n は節の数で定義されているとも言うことができる．

なお，動径関数 $R_{nl}(r)$ は次の規格直交性を有している．

$$\int_0^\infty R_{nl}(r) R_{n'l}(r) r^2 dr = \delta_{nn'} \tag{1.7}$$

動径方程式 (1.6) は，動径 r に関する 2 階微分と 1 階微分を含むため，その解の振る舞いが分かりにくい．そこで，新たに動径関数 P_{nl} を定義する．

$$P_{nl}(r) = r R_{nl}(r) \tag{1.8}$$

P_{nl} に対する動径方程式と規格直交条件は

$$\left[-\frac{d^2}{dr^2} + w_l(r) - \varepsilon_{nl}\right] P_{nl}(r) = 0 \tag{1.9}$$

$$w_l(r) = \frac{l(l+1)}{r^2} + v(r) \tag{1.10}$$

$$\int_0^\infty P_{nl}(r) P_{n'l}(r) dr = \delta_{nn'} \tag{1.11}$$

となり，l 依存のポテンシャル井戸 $w_l(r)$ に対する変数域（$0 \leq r < \infty$）での一次元井戸型ポテンシャル問題と見ることができる．

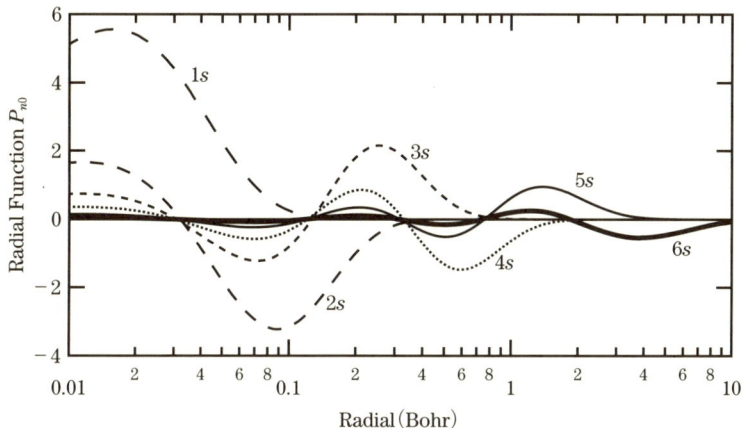

図 1.2 Ce 原子に対して局所密度近似の範囲で計算された動径関数 $P_{n0}(r)$．動径 r は Bohr 半径単位で対数スケールを用いている．動径関数は Rydberg 原子単位により表されている．

図 1.2 に Ce 原子に対して局所密度近似の範囲で計算された ns 軌道の動径関数 P_{n0} を示す．この動径関数に関する直交性には重要な点が含まれる．それは，それぞれの ns 軌道には $n-1$ 個の節が存在するが，その一番外側の節は主量子数の一つ小さい $(n-1)s$ 軌道の最大振幅の近くにあることである．これは，動径関数が直交条件 (1.7) もしくは (1.11) を満たすために必然的な性質である．このことから，節の数 $(n-l-1)$ の多い動径関数，すなわち，ある軌道角運動量 l に対して主量子数 n の大きな動径関数はより空間的な拡がりをもつことになる．

図 1.3 に，Cu 原子に対して局所密度近似の範囲で計算されたポテンシャル井戸 $w_l(r)$ と動径関数 $P_{32}(r)$ を示す．$P_{32}(r)$ は $r \sim 0.6\,\text{Bohr}$ (0.3 Å) 近傍に最大振幅をもち，遠心力ポテンシャルと $v(r)$ によりつくられた井戸内によく局在している（対数でスケールされた動径 r に対する動径関数として見たときに対称的

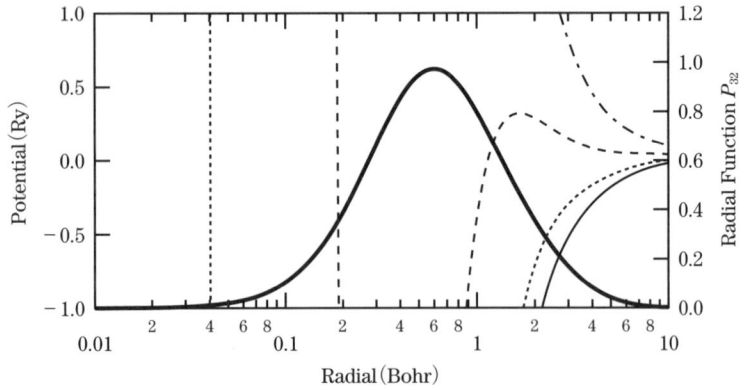

図 1.3 Cu 原子に対して局所密度近似の範囲で計算されたポテンシャル井戸 $w_l(r)$ と $3d$ 動径関数 $P_{32}(r)$. 細実線が w_0, 点線が w_1, 破線が w_2, 一点鎖線が w_3, 太実線が P_{32} を表す. 動径 r は Bohr 半径単位で対数スケールを用いている. ポテンシャル, 動径関数共に Rydberg 原子単位により表されている.

な形状となっていることは興味深い). ここで重要な点は, $r \sim 1.1\,\mathrm{Bohr}$ (0.6 Å) 辺りに $w_l(r)$ がハンプを形成している点であり, $P_2(r)$ はそのハンプの外側に小さいが明確な浸み出しを示していることである. これは, d 軌道がポテンシャル井戸内にほとんど局在している, すなわち, ほとんど束縛状態をつくりながらもハンプの外側と波動関数の重なり(波の干渉)を起こすことが可能となっていることを示している. この状況は **"仮想束縛状態"** と呼ばれ, d 軌道のもつ重要な性格の一つと知られている[*4].

固体結晶の固有状態は, 波数ベクトル k を量子数とする Bloch 状態として与えられる. ある Bloch 関数を一つの原子から眺めると, 与えられた k に対して原子の外側の領域で平面波的波動関数につながる接続問題の解となっている(バンド理論 I, 6.3 節 [小口多美夫, バンド理論——物質科学の基礎として——(内田老鶴圃, 1999, 2005, p.87)] 参照). この意味で, d 軌道は平面波的な連続状態に接続された, ゆるく束縛された状態(共鳴状態)と見なすことができる.

[*4] f 軌道に対しても類似の状況が見られるが, 局在性がより強い.

1.2.3 Anderson 模型

前節の最後に述べた，局在軌道と伝導バンド間の共鳴状態を表現するモデルとして，d軌道を不純物位置に配置した Anderson 模型，およびd軌道を周期的に並べた周期 Anderson 模型が知られている．例えば，周期 Anderson 模型のハミルトニアンは次式のように与えられる．

$$\mathcal{H}_{\mathrm{PAM}} = \sum_{\bm{k}\sigma}\varepsilon_{\bm{k}}c^{\dagger}_{\bm{k}\sigma}c_{\bm{k}\sigma} + \sum_{i\sigma}\varepsilon_d d^{\dagger}_{i\sigma}d_{i\sigma} + \sum_{\bm{k}\sigma}\left(V_{\bm{k}\sigma}c^{\dagger}_{\bm{k}\sigma}d_{\bm{k}\sigma} + h.c.\right) \\ + U\sum_i d^{\dagger}_{i\uparrow}d_{i\uparrow}d^{\dagger}_{i\downarrow}d_{i\downarrow} \tag{1.12}$$

ここで，$c^{\dagger}_{\bm{k}\sigma}$ $(d^{\dagger}_{\bm{k}\sigma})$ はスピンσをもつ伝導電子（d電子）の生成演算子である．また，iは格子位置，$\varepsilon_{\bm{k}}$は伝導電子のエネルギー，ε_dはd電子準位，$V_{\bm{k}\sigma}$は伝導電子とd電子の混成，Uはd電子間のCoulomb反発をそれぞれ表している．この表式では簡単のため，d軌道の縮退は含まれていない．

1.3 LCAO 法と強束縛近似法

波数ベクトル$\bm{k}$の Bloch 関数は一般に平面波で展開することができる（バンド理論 I，式 (4.28) [p.57] 参照）．

$$\psi^{\bm{k}}_j(\bm{r}) = \frac{1}{\sqrt{\Omega}}\sum_{\bm{K}} e^{i(\bm{k}+\bm{K})\cdot\bm{r}} u^{\bm{k}+\bm{K}}_j \tag{1.13}$$

平面波展開は原理的には厳密であり，実際の計算においても擬ポテンシャルの導入により効率のよい表現を与えている．しかしながら，電子状態，特にd軌道のような局在性の強い状態の直感的な理解や物性との関係の解析には必ずしも適切ではないことが多い．そこで，本節では原子軌道をベースとして，d軌道が主役を演じている一電子状態の記述方法を紹介する．

1.3.1 LCAO 法

原子νの原子軌道が

$$\phi_{\nu nlm}(\boldsymbol{r}) = R_{\nu nl}(r)Y_{lm}(\hat{\boldsymbol{r}}) \tag{1.14}$$

のとき，その線形結合から Bloch の定理を満たす基底関数（Bloch 基底）を構築する．ここで，角度変数 (θ, ϕ) を簡単に $\hat{\boldsymbol{r}}$ と記した．

$$\phi^{\boldsymbol{k}}_{\nu nlm}(\boldsymbol{r}) = \frac{1}{\sqrt{N}}\sum_{\boldsymbol{R}}\phi_{\nu nlm}(\boldsymbol{r}-\boldsymbol{\tau}_\nu-\boldsymbol{R})\,e^{i\boldsymbol{k}\cdot(\boldsymbol{R}+\boldsymbol{\tau}_\nu)} \tag{1.15}$$

このような基底は，LCAO (Linear Combination of Atomic Orbitals) 基底と呼ばれる．ここで，$\boldsymbol{R}$ は格子点，N はその格子点数，$\boldsymbol{\tau}_\nu$ は単位胞内の原子 ν の位置を表す．

この LCAO 基底を用いて結晶のハミルトニアン $\mathcal{H}$ を解く問題を考える．

$$\mathcal{H}\psi^{\boldsymbol{k}}_j(\boldsymbol{r}) = \varepsilon^{\boldsymbol{k}}_j\psi^{\boldsymbol{k}}_j(\boldsymbol{r}) \tag{1.16}$$

$$\psi^{\boldsymbol{k}}_j(\boldsymbol{r}) = \sum_{\nu nlm}\phi^{\boldsymbol{k}}_{\nu nlm}(\boldsymbol{r})C^{\boldsymbol{k}}_{\nu nlm,j} \tag{1.17}$$

(1.17) を (1.16) に代入し，左から $\left[\phi^{\boldsymbol{k}}_{\nu'n'l'm'}\right]^*$ をかけて座標で積分すると問題は固有値問題に帰着する．そこで計算すべきは，ハミルトニアンと重なりの行列要素である．

$$H^{\boldsymbol{k}}_{\nu'n'l'm',\nu nlm} = \int\left[\phi^{\boldsymbol{k}}_{\nu'n'l'm'}(\boldsymbol{r})\right]^*\mathcal{H}\phi^{\boldsymbol{k}}_{\nu nlm}(\boldsymbol{r})d\boldsymbol{r} \tag{1.18}$$

$$S^{\boldsymbol{k}}_{\nu'n'l'm',\nu nlm} = \int\left[\phi^{\boldsymbol{k}}_{\nu'n'l'm'}(\boldsymbol{r})\right]^*\phi^{\boldsymbol{k}}_{\nu nlm}(\boldsymbol{r})d\boldsymbol{r} \tag{1.19}$$

ここで，内殻状態は特定の原子に十分局在しており，近傍の価電子状態との行列要素も無視できる程度に小さいと仮定すると，行列要素としては価電子状態だけ，すなわちある lm に対して一つの主量子数 n だけ考慮すればよいことになるので，(1.18) と (1.19) において主量子数を除くことができる．例えば，$3d$ 遷移元素の場合，$4s$, $4p$, $3d$ を考えるとほとんどの場合は十分である．このことを，最小基底 (minimal base) という．

最小基底において，原子 ν に対して軌道角運動量を $l^{(\nu)}_{\max}$ まで考慮する場合，軌道の数は $(l^{(\nu)}_{\max}+1)^2$ 個となるので，LCAO 基底の総数は

$$N_{\text{LCAO}} = \sum_\nu (l_{\max}^{(\nu)} + 1)^2 \tag{1.20}$$

となる．ここで，ν の和は単位胞内の原子についてなされる．例えば，単位胞に 1 原子だけ含まれ spd 軌道を考慮する場合の基底数は 9 となる．つまり，9×9 の行列の問題を解くことになる．

1.3.2 強束縛近似法

価電子領域を表す最小基底に対するハミルトニアンの行列要素を陽に書くと，(1.18) から主量子数のラベルを除き，原子軌道で展開して

$$\begin{aligned} H^{\bm{k}}_{\nu'l'm',\nu lm} &= \int \left[\phi^{\bm{k}}_{\nu'l'm'}(\bm{r})\right]^* \mathcal{H} \phi^{\bm{k}}_{\nu lm}(\bm{r}) d\bm{r} \\ &= \sum_{\bm{R}} e^{i\bm{k}\cdot(\bm{R}+\bm{\tau}_\nu-\bm{\tau}_{\nu'})} H_{\nu'l'm',\nu lm}(\bm{R}) \end{aligned} \tag{1.21}$$

$$H_{\nu'l'm',\nu lm}(\bm{R}) = \int \left[\phi_{\nu'l'm'}(\bm{r}-\bm{\tau}_{\nu'})\right]^* \mathcal{H} \phi_{\nu lm}(\bm{r}-\bm{\tau}_\nu-\bm{R}) d\bm{r} \tag{1.22}$$

を得る．重なり積分の行列要素についても同様である．

$$\begin{aligned} S^{\bm{k}}_{\nu'l'm',\nu lm} &= \int \left[\phi^{\bm{k}}_{\nu'l'm'}(\bm{r})\right]^* \phi^{\bm{k}}_{\nu lm}(\bm{r}) d\bm{r} \\ &= \sum_{\bm{R}} e^{i\bm{k}\cdot(\bm{R}+\bm{\tau}_\nu-\bm{\tau}_{\nu'})} S_{\nu'l'm',\nu lm}(\bm{R}) \end{aligned} \tag{1.23}$$

$$S_{\nu'l'm',\nu lm}(\bm{R}) = \int \left[\phi_{\nu'l'm'}(\bm{r}-\bm{\tau}_{\nu'})\right]^* \phi_{\nu lm}(\bm{r}-\bm{\tau}_\nu-\bm{R}) d\bm{r} \tag{1.24}$$

ハミルトニアンの行列要素のうち，異なる原子位置（サイトという）間の行列要素を飛び移り積分 (transfer or hopping integral) と呼ぶ．飛び移り積分をその近傍に限って考慮する近似を強束縛近似 (tight binding approximation) 法という．前節で述べたように，そもそも，d 原子軌道は空間的に比較的局在しているので，強束縛近似法は遷移金属系の電子状態を表すのに適切な近似手法と考えられている．

さらに，ハミルトニアンが $\bm{\tau}_{\nu'}$ と $\bm{R}+\bm{\tau}_\nu$ とを結ぶ軸について軸対称的であると近似し，その軸を軌道角運動量の量子化軸に選ぶと磁気量子数 m に関して対

角成分だけが残り

$$H_{\nu'l'm',\nu lm}(\boldsymbol{R}) = H_{\nu'l'm,\nu lm}(\boldsymbol{R})\delta_{m'm} \tag{1.25}$$

となるので，$\boldsymbol{\tau}_{\nu'}$ と $\boldsymbol{R}+\boldsymbol{\tau}_\nu$ の原子組に対して，$l_{\max}=2$ として，以下の 10 個の行列要素だけが生き残ることになる．

$$t_{ss\sigma} = H_{\nu'00,\nu00}(\boldsymbol{R}) \tag{1.26}$$

$$t_{sp\sigma} = H_{\nu'00,\nu10}(\boldsymbol{R}) \tag{1.27}$$

$$t_{sd\sigma} = H_{\nu'00,\nu20}(\boldsymbol{R}) \tag{1.28}$$

$$t_{pp\sigma} = H_{\nu'10,\nu10}(\boldsymbol{R}) \tag{1.29}$$

$$t_{pd\sigma} = H_{\nu'10,\nu20}(\boldsymbol{R}) \tag{1.30}$$

$$t_{dd\sigma} = H_{\nu'20,\nu20}(\boldsymbol{R}) \tag{1.31}$$

$$t_{pp\pi} = H_{\nu'1\pm1,\nu1\pm1}(\boldsymbol{R}) \tag{1.32}$$

$$t_{pd\pi} = H_{\nu'1\pm1,\nu2\pm1}(\boldsymbol{R}) \tag{1.33}$$

$$t_{dd\pi} = H_{\nu'd\pm1,\nu2\pm1}(\boldsymbol{R}) \tag{1.34}$$

$$t_{dd\delta} = H_{\nu'd\pm2,\nu2\pm2}(\boldsymbol{R}) \tag{1.35}$$

この近似は，ハミルトニアンの行列要素に必要な積分が，原子軌道の二つの中心に加えてハミルトニアンに含まれる中心の三中心積分であるものを二中心積分に近似することに対応し，二中心近似とも呼ばれている．通常，三中心積分は二中心積分よりも小さいことが知られている．ところで，重なり積分の行列要素に関しては，元々が二中心積分により計算されることに注意しよう．

1.3.3　Slater-Koster の表

ここでは，Slater-Koster にならって，一般的な幾何学的配置にある立方調和

関数により表された原子軌道間の行列要素を，上に与えられた $t_{dd\sigma}$ 等の特定の行列要素で表すことを考えよう[1]．図 1.4 にその幾何学的配置を示す．ここで，原子 1 を原点に置き，原子 2 に引いた結合が極座標での (θ, ϕ) 方向となっているものとする．元々の座標系 (x, y, z) に対して，Euler 角 $(\alpha = \phi, \beta = \theta, \gamma = 0)$ により変換された新しい座標系 (x', y', z') は図 1.4 のようになり，z' 方向は結合の方向と一致する（ここでの定式化については付録 B, C, および D を参照のこと）．

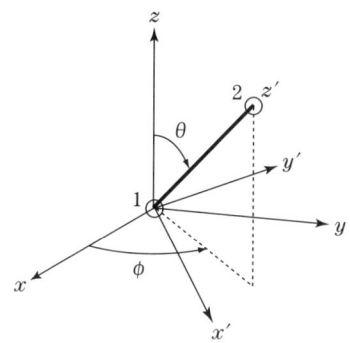

図 1.4 Slater-Koster の表における 2 原子軌道の幾何学的配置．原子 1 から原子 2 へ引いた結合線分は極座標 (θ, ϕ) で定義された方向を向いている．Euler 角 $(\alpha = \phi, \beta = \theta, \gamma = 0)$ により変換された新しい座標系を (x', y', z') とする．

この幾何学的配置のとき，座標系 (x, y, z) で定義された，すなわち z 方向を量子化軸にとる球面調和関数 $Y_{lm}(\hat{\boldsymbol{r}})$ は，座標系 (x', y', z') で z' 方向を量子化軸とする球面調和関数 $Y_{lm}(\hat{\boldsymbol{r}}')$ を用いて

$$\begin{aligned} Y_{lm}(\hat{\boldsymbol{r}}) &= \sum_{m'} Y_{lm'}(\hat{\boldsymbol{r}}') \left[\left(D^{(l)} \right)^{-1} \right]_{m'm} \\ &= \sum_{m'} Y_{lm'}(\hat{\boldsymbol{r}}') \left[D^{(l)}_{mm'} \right]^* \end{aligned} \tag{1.36}$$

と表される．ここで，変換行列 $D^{(l)}(\alpha, \beta, \gamma)$ は付録 D において (D.24) に与えられている．また，立方調和関数 $\mathcal{Y}_j$ は，付録 C において球面調和関数で次式のように表現されている．

$$\mathcal{Y}_j(\hat{\boldsymbol{r}}) = \sum_m Y_{lm}(\hat{\boldsymbol{r}}) C_{mj}^{(l)} \tag{1.37}$$

(1.36) と (1.37) から，座標系 (x,y,z) で定義された原子軌道 $\phi_{lj}(\boldsymbol{r})$ は，動径関数を $R_l(r)$ として

$$\begin{aligned}
\phi_{lj}(\boldsymbol{r}) &= R_l(r)\mathcal{Y}_j(\hat{\boldsymbol{r}}) \\
&= R_l(r)\sum_m Y_{lm}(\hat{\boldsymbol{r}}) C_{mj}^{(l)} \\
&= R_l(r)\sum_{mm'} Y_{lm'}(\hat{\boldsymbol{r}}') \left[D_{mm'}^{(l)}\right]^* C_{mj}^{(l)} \\
&= \sum_{mm'} \phi_{lm'}(\hat{\boldsymbol{r}}') \left[D_{mm'}^{(l)}\right]^* C_{mj}^{(l)} \\
&= \sum_{m'} \phi_{lm'}(\hat{\boldsymbol{r}}') \mathcal{F}_{m'j}^{(l)}
\end{aligned} \tag{1.38}$$

$$\mathcal{F}_{m'j}^{(l)} \equiv \sum_m \left[D_{mm'}^{(l)}\right]^* C_{mj}^{(l)} \tag{1.39}$$

と書けるから，結合を挟んだ二つの原子軌道間の行列要素は

$$\begin{aligned}
\langle \phi_{l_1 j_1} | \mathcal{H} | \phi_{l_2 j_2} \rangle &= \sum_{m_1 m_2} \langle \phi_{l_1 m_1} | \mathcal{H} | \phi_{l_2 m_2} \rangle \left[\mathcal{F}_{m_1 j_1}^{(l_1)}\right]^* \mathcal{F}_{m_2 j_2}^{(l_2)} \\
&= \sum_m \langle \phi_{l_1 m} | \mathcal{H} | \phi_{l_2 m} \rangle \left[\mathcal{F}_{mj_1}^{(l_1)}\right]^* \mathcal{F}_{mj_2}^{(l_2)}
\end{aligned} \tag{1.40}$$

となる．ここで，前節に示したように，結合方向に量子化軸を選んだ場合，二中心近似の範囲では磁気量子数が同じ行列要素だけが 0 でないという事実を用いた．

この結果を結合方向の座標 (x,y,z) への方向余弦 (l,m,n) で整理したものが Slater-Koster の表と呼ばれるものであり，表 1.1–1.2 にリストアップした．なお，方向余弦は図 1.4 の幾何学的配置から分かるように次式となる．

$$\begin{cases} l &= \cos\phi\sin\theta \\ m &= \sin\phi\sin\theta \\ n &= \cos\theta \end{cases} \tag{1.41}$$

表 1.1 二中心近似での原子軌道間の行列要素（その 1）．(l, m, n) は，行列要素の左側の原子から見た右側の原子の方向余弦を表す．

$H_{s,s}$	$(ss\sigma)$
$H_{s,x}$	$l(sp\sigma)$
$H_{x,x}$	$l^2(pp\sigma) + (1-l^2)(pp\pi)$
$H_{x,y}$	$lm(pp\sigma) - lm(pp\pi)$
$H_{x,z}$	$ln(pp\sigma) - ln(pp\pi)$
$H_{s,xy}$	$\sqrt{3}lm(sd\sigma)$
H_{s,x^2-y^2}	$\frac{1}{2}\sqrt{3}(l^2-m^2)(sd\sigma)$
$H_{s,3z^2-r^2}$	$\left[n^2 - \frac{1}{2}(l^2+m^2)\right](sd\sigma)$
$H_{x,xy}$	$\sqrt{3}l^2 m(pd\sigma) + m(1-2l^2)(pd\pi)$
$H_{x,yz}$	$\sqrt{3}lmn(pd\sigma) - 2lmn(pd\pi)$
$H_{x,zx}$	$\sqrt{3}l^2 n(pd\sigma) + n(1-2l^2)(pd\pi)$
H_{x,x^2-y^2}	$\frac{1}{2}\sqrt{3}l(l^2-m^2)(pd\sigma) + l(1-l^2+m^2)(pd\pi)$
H_{y,x^2-y^2}	$\frac{1}{2}\sqrt{3}m(l^2-m^2)(pd\sigma) - m(1+l^2-m^2)(pd\pi)$
H_{z,x^2-y^2}	$\frac{1}{2}\sqrt{3}n(l^2-m^2)(pd\sigma) - n(l^2-m^2)(pd\pi)$
$H_{x,3z^2-r^2}$	$l\left[n^2 - \frac{1}{2}(l^2+m^2)\right](pd\sigma) - \sqrt{3}ln^2(pd\pi)$
$H_{y,3z^2-r^2}$	$m\left[n^2 - \frac{1}{2}(l^2+m^2)\right](pd\sigma) - \sqrt{3}mn^2(pd\pi)$
$H_{z,3z^2-r^2}$	$n\left[n^2 - \frac{1}{2}(l^2+m^2)\right](pd\sigma) + \sqrt{3}n(l^2+m^2)(pd\pi)$

ここで，結合軸を量子化軸にとった場合の行列要素 (1.26)–(1.35) を $(ss\sigma)$ 等々の記号で表した．

1.3.4 単純立方格子のバンド構造

前節までに与えられた行列要素に対して，さらなる近似による簡単化を行い，単純立方格子のバンド構造を求めてみよう．図 1.5 に単純立方格子の Brillouin ゾーンを示す．

単純立方格子において，最近接原子は格子定数を a として $\boldsymbol{R} = (\pm a, 0, 0)$，$(0, \pm a, 0)$，$(0, 0, \pm a)$ の六つがある．ハミルトニアンの行列要素 (1.21) の格子和の計算において，自分自身の原子位置（オンサイト）に加えて，六つの最近接原子位置のみを考慮することにする．また，重なり積分 (1.23) については，オンサイトのみを考慮する．

s 原子軌道だけを考慮する場合，一電子方程式は波数 $\boldsymbol{k} = (k_x, k_y, k_z)$ に対して簡単に解けて

表1.2 二中心近似での原子軌道間の行列要素（その 2）．(l, m, n) は，行列要素の左側の原子から見た右側の原子の方向余弦を表す．

$H_{xy,xy}$	$3l^2m^2(dd\sigma) + (l^2 + m^2 - 4l^2m^2)(dd\pi) + (n^2 + l^2m^2)(dd\delta)$
$H_{xy,yz}$	$3lm^2n(dd\sigma) + ln(1 - 4m^2)(dd\pi) + ln(m^2 - 1)(dd\delta)$
$H_{xy,zx}$	$3l^2mn(dd\sigma) + mn(1 - 4l^2)(dd\pi) + mn(l^2 - 1)(dd\delta)$
H_{xy,x^2-y^2}	$\frac{3}{2}lm(l^2 - m^2)(dd\sigma) + 2lm(m^2 - l^2)(dd\pi)$
	$\quad + \frac{1}{2}lm(l^2 - m^2)(dd\delta)$
H_{yz,x^2-y^2}	$\frac{3}{2}mn(l^2 - m^2)(dd\sigma) - mn\left[1 + 2(l^2 - m^2)\right](dd\pi)$
	$\quad + mn\left[1 + \frac{1}{2}(l^2 - m^2)\right](dd\delta)$
H_{zx,x^2-y^2}	$\frac{3}{2}nl(l^2 - m^2)(dd\sigma) + nl\left[1 - 2(l^2 - m^2)\right](dd\pi)$
	$\quad - nl\left[1 - \frac{1}{2}(l^2 - m^2)\right](dd\delta)$
$H_{xy,3z^2-r^2}$	$\sqrt{3}lm\left[n^2 - \frac{1}{2}(l^2 + m^2)\right](dd\sigma) - 2\sqrt{3}lmn^2(dd\pi)$
	$\quad + \frac{1}{2}\sqrt{3}lm(1 + n^2)(dd\delta)$
$H_{yz,3z^2-r^2}$	$\sqrt{3}mn\left[n^2 - \frac{1}{2}(l^2 + m^2)\right](dd\sigma) + \sqrt{3}mn(l^2 + m^2 - n^2)(dd\pi)$
	$\quad - \frac{1}{2}\sqrt{3}mn(l^2 + m^2)(dd\delta)$
$H_{zx,3z^2-r^2}$	$\sqrt{3}ln\left[n^2 - \frac{1}{2}(l^2 + m^2)\right](dd\sigma) + \sqrt{3}ln(l^2 + m^2 - n^2)(dd\pi)$
	$\quad - \frac{1}{2}\sqrt{3}ln(l^2 + m^2)(dd\delta)$
$H_{x^2-y^2,x^2-y^2}$	$\frac{3}{4}(l^2 - m^2)^2(dd\sigma) + \left[l^2 + m^2 - (l^2 - m^2)^2\right](dd\pi)$
	$\quad + \left[n^2 + \frac{1}{4}(l^2 - m^2)^2\right](dd\delta)$
$H_{x^2-y^2,3z^2-r^2}$	$\frac{1}{2}\sqrt{3}(l^2 - m^2)\left[n^2 - \frac{1}{2}(l^2 + m^2)\right](dd\sigma)$
	$\quad + \sqrt{3}n^2(m^2 - l^2)(dd\pi) + \frac{1}{4}\sqrt{3}(1 + n^2)(l^2 - m^2)(dd\delta)$
$H_{3z^2-r^2,3z^2-r^2}$	$\left[n^2 - \frac{1}{2}(l^2 + m^2)\right]^2(dd\sigma)$
	$\quad + 3n^2(l^2 + m^2)(dd\pi) + \frac{3}{4}(l^2 + m^2)^2(dd\delta)$

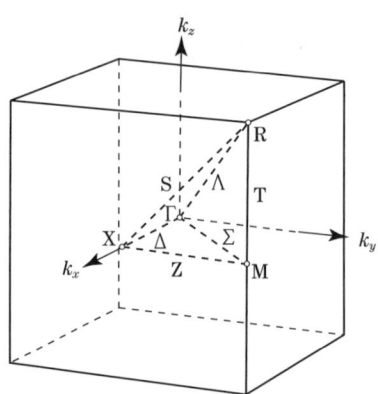

図1.5 単純立方格子の Brillouin ゾーン．

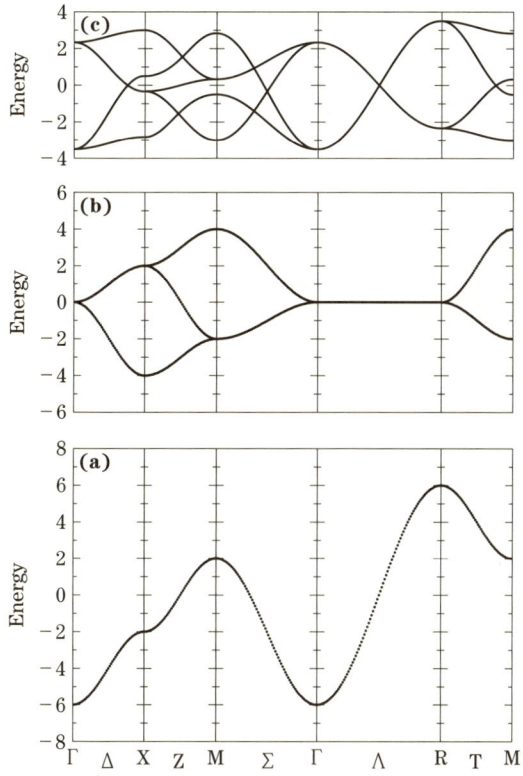

図 1.6 単純立方格子のバンド構造.異なる軌道角運動量成分間の非対角行列要素を無視している.(a) s バンド ($E_s = 0$, $(ss\sigma) = 1$).(b) p バンド ($E_p = 0$, $(pp\sigma) = 1$, $(pp\pi) = -1/2$).(c) d バンド ($E_{d\gamma} = E_{d\varepsilon} = 0$, $(dd\sigma) = 1$, $(dd\pi) = -2/3$, $(dd\delta) = 1/6$).

$$\varepsilon_s(\boldsymbol{k}) = E_s + 2(ss\sigma)\left(\cos k_x a + \cos k_y a + \cos k_z a\right) \tag{1.42}$$

となる.ここで,E_s は行列要素の s 軌道に関する対角成分であり,原子軌道のエネルギー準位に周囲の原子からのポテンシャルの裾によるエネルギー期待値を加えたものと考えることができる.図 1.6(a) に s 軌道だけによる単純立方格子のバンド構造(s バンド)を示す.ここでは,(1.42) で $E_s = 0.0$, $(ss\sigma) = 1.0$ を仮定している.

p 原子軌道だけを考慮するときも，単純立方格子での最近接強束縛近似の場合は表 1.1 から p 軌道に関する非対角成分が 0 になるためすぐに解けて，三つの固有エネルギーは

$$\varepsilon_p(\bm{k}) = \begin{cases} E_p + 2(pp\sigma)\cos k_x a + 2(pp\pi)(\cos k_y a + \cos k_z a) \\ E_p + 2(pp\sigma)\cos k_y a + 2(pp\pi)(\cos k_z a + \cos k_x a) \\ E_p + 2(pp\sigma)\cos k_z a + 2(pp\pi)(\cos k_x a + \cos k_y a) \end{cases} \quad (1.43)$$

となる．より具体的に，例えば，波数 $\bm{k} = (k, 0, 0)$ に対して

$$\varepsilon_p(k, 0, 0) = \begin{cases} E_p + 2(pp\sigma)\cos ka + 4(pp\pi) \\ E_p + 2(pp\pi)\cos ka + 2\left[(pp\sigma) + (pp\pi)\right] \\ E_p + 2(pp\pi)\cos ka + 2\left[(pp\sigma) + (pp\pi)\right] \end{cases} \quad (1.44)$$

を得る．p 軌道からなるバンドは $\bm{k} = (0, 0, 0)$ の Γ 点において三重に縮退しており，[100] 方向に向かってその縮退は二重と一重に分裂する．また，軌道の空間的拡がりから分かるように，一般的に $|pp\pi| < |pp\sigma|$ が成り立つので二重縮退したバンドは一重のそれに比べてバンド幅が狭くなる．図 1.6(b) に p 軌道だけによる単純立方格子のバンド構造（p バンド）を示す．ここでは，(1.43) で $E_p = 0.0$，$-2(ss\pi) = (ss\sigma) = 1.0$ を仮定している．

d 軌道からなるバンド構造はもう少し複雑になる．まず，(yz, zx, xy) の原子軌道に関しての行列要素は対角成分のみ 0 でなくすぐに解けて

$$\varepsilon_{d\varepsilon}(\bm{k}) = \begin{cases} E_{d\varepsilon} + 2(dd\delta)\cos k_x a + 2(dd\pi)(\cos k_y a + \cos k_z a) \\ E_{d\varepsilon} + 2(dd\delta)\cos k_y a + 2(dd\pi)(\cos k_z a + \cos k_x a) \\ E_{d\varepsilon} + 2(dd\delta)\cos k_z a + 2(dd\pi)(\cos k_x a + \cos k_y a) \end{cases} \quad (1.45)$$

を得る．これらの軌道からなる状態は Γ 点において

$$\varepsilon_{d\varepsilon}(0, 0, 0) = E_{d\varepsilon} + 4(dd\pi) + 2(dd\delta) \quad (1.46)$$

のエネルギー準位に三重に縮退しており，$d\varepsilon$ 軌道と呼ばれている．一方，$(3z^2 - r^2, x^2 - y^2)$ の原子軌道に関しては非対角成分が存在し，一般には 2×2 行列を対角化する必要がある．

$$
\begin{aligned}
H^{\bm{k}}_{3z^2-r^2,3z^2-r^2} &\\
= E_{d\gamma} &+ 2(dd\sigma)\cos k_z a + \frac{1}{2}\left[(dd\sigma) + 3(dd\delta)\right](\cos k_x a + \cos k_y a)
\end{aligned}
$$
(1.47)

$$
\begin{aligned}
H^{\bm{k}}_{x^2-y^2,3z^2-r^2} &= H^{\bm{k}}_{3z^2-r^2,x^2-y^2}\\
&= -\frac{\sqrt{3}}{2}\left[(dd\sigma) - (dd\delta)\right](\cos k_x a - \cos k_y a)
\end{aligned}
$$
(1.48)

$$
\begin{aligned}
H^{\bm{k}}_{x^2-y^2,x^2-y^2} &\\
= E_{d\gamma} &+ 2(dd\delta)\cos k_z a + \frac{1}{2}\left[3(dd\sigma) + (dd\delta)\right](\cos k_x a + \cos k_y a)
\end{aligned}
$$
(1.49)

しかしながら，Γ点においては非対角成分は 0 になって，かつ対角成分が等しいので

$$
\varepsilon_{d\gamma}(0,0,0) = E_{d\gamma} + 3(dd\sigma) + 3(dd\delta)
$$
(1.50)

の準位に二重に縮退している．$(3z^2-r^2, x^2-y^2)$ の原子軌道は $d\gamma$ 軌道と呼ばれている．図 1.6(c) に d 軌道だけによる単純立方格子のバンド構造（d バンド）を示す．ここでは，$E_{d\gamma} = E_{d\varepsilon} = 0$，$(dd\sigma) = 1$，$(dd\pi) = -2/3$，$(dd\delta) = 1/6$ を仮定している．

1.4 強束縛近似パラメータ

　強束縛近似を用いると，ハミルトニアンの行列要素が少数のパラメータを用いて計算可能であることが示された．これらのパラメータは，より精度の高い手法により求められたバンド構造を再現するように調節して決定することが可能である．Papaconstantopoulos による単体固体のバンド構造ハンドブック[2]には実際そのようなフィッティングの手続きによる強束縛近似パラメータが載せられている．

　一方，Andersen による線形マフィンティン軌道 (linear muffin-tin orbital

(LMTO)) 法から導かれた強束縛近似パラメータには次のような関係のあることが知られている[3].

$$(pp\sigma) : (pp\pi) = 2 : -1 \tag{1.51}$$

$$(pd\sigma) : (pd\pi) = \sqrt{3} : -1 \tag{1.52}$$

$$(dd\sigma) : (dd\pi) : (dd\delta) = 6 : -4 : 1 \tag{1.53}$$

これらは，LMTO 法における行列要素の非対角成分が元素によらず結晶構造にだけ依存した，いわゆる構造因子だけで書けることに基づいている．図 1.6 に示した単純立方格子のバンド構造ではこれらの関係を用いて描かれている．

一方，構造因子における原子間距離（R）依存性の議論から，次のようなスケーリング則が与えられている[4,5]．

$$H_{lm,l'm}(\boldsymbol{R}) = \langle \phi_{lm}(\boldsymbol{r}) | \mathcal{H} | \phi_{l'm}(\boldsymbol{r}-\boldsymbol{R}) \rangle \propto R^{-(l+l'+1)} \tag{1.54}$$

これによると，強束縛近似パラメータは，ss 軌道間では R^{-1}，sp 軌道間では R^{-2}，pp 軌道間では R^{-3}，sd 軌道間では R^{-4}，dd 軌道間では R^{-5} のような距離依存性をもつことを意味する．Harrison は化学結合の議論に基づいて類似のスケーリング則を導いている[6]．

1.5 遷移金属の電子状態の特徴

1.5.1 bcc，hcp，fcc 構造の Brillouin ゾーン

1.1 節で紹介したように，遷移金属は常圧で，最密構造である bcc，hcp もしくは fcc の結晶構造をとる．図 1.7 に bcc，hcp，fcc 構造の Brillouin ゾーンを示す．対称線に沿った k 点には k 群（バンド理論 I，4.8 節 [p.62] および本書，付録 E.5 参照）に対応した名称が付けられている．例えば，bcc 構造の H 点，fcc 構造の X 点の座標はともに，格子定数を a として $\frac{2\pi}{a}(1,0,0)$ と同じであるが，k 群が異なるため名称の違うことに注意しよう．bcc 構造の P 点と fcc 構造の L 点も座標は $\frac{2\pi}{a}(\frac{1}{2},\frac{1}{2},\frac{1}{2})$ であるが名称が異なるのは同様の状況である．

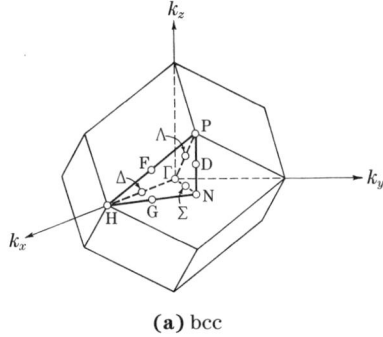

(a) bcc

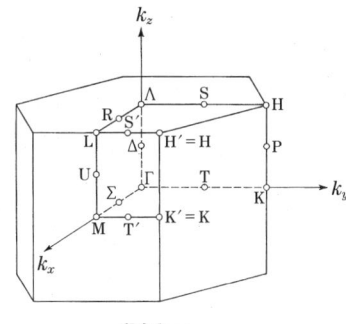

(b) hcp

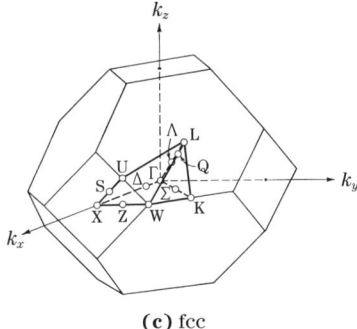

(c) fcc

図 1.7 (a) bcc, (b) hcp, (c) fcc 構造の Brillouin ゾーン．対称点および対称線に沿った k 点には k 群に対応した名称が付けられている．

1.5.2 bcc 構造 Cr のバンド構造

遷移金属の代表として，図 1.8 に非磁性状態 bcc 構造 Cr のバンド構造を示す[*5]．ここに示された電子状態は局所密度近似の範囲での第一原理電子状態計算によるものではあるが，価電子帯領域[*6]については，上に述べたパラメータを適切に選択した強束縛近似による計算でも定性的な違いはない．

図 1.8 のバンド構造を概観すると，まず $-4\,\text{eV}$ から $+3\,\text{eV}$ の範囲に比較的幅の狭い 5 本のバンドが存在する．これらのバンドは，その既約表現の解析および次に述べる部分状態密度より，$3d$ 軌道が主たる成分の d バンドであることが分かる．ちなみに，既約表現 $\Gamma_{25'}$ および $H_{25'}$ の基底は $d\varepsilon(yz, zx, xy)$ 軌道，Γ_{12} および H_{12} の基底は $d\gamma(3z^2 - r^2, x^2 - y^2)$ 軌道である（付録 C 参照）．一方，$-8\,\text{eV}$ より $+11\,\text{eV}$ に大きな分散をもつ自由電子的なバンドが d バンドを貫いている．そのバンドの底である Γ 点近傍では s 軌道が支配的であり，ゾーン境界の H 点，P 点近傍では p 状態が支配的な波動関数となっている．Γ から H に向かう Δ 線上および Γ から P に向かう Λ 線上では，d 軌道からと s, p 軌道から生じる k 群の既約表現に同じものが存在するため軌道混成が許されバンドの反交差 (anti-crossing) が見られる．もちろん，一般の k 点では，恒等操作だけからなる k 群となり既約表現は一つであるので，すべての軌道成分が大なり小なり混成し，すべてのバンドが反交差することになる．

状態密度 $D(\varepsilon)$ は，単位エネルギーあたりの状態数であり次式で定義される．

$$D(\varepsilon) = \sum_{\boldsymbol{k},j} \delta(\varepsilon - \varepsilon_j^{\boldsymbol{k}}) \tag{1.55}$$

[*5] Cr は，Néel 温度 311 K の反強磁性体で，その振幅が正弦波的なスピン密度波磁気秩序をもつ．

[*6] 半導体や絶縁体では禁制帯（エネルギーギャップ）をはさんで電子に占有されたバンド領域を価電子帯，非占有の領域を伝導帯と呼ぶが，金属の場合にはその名称の区別は必ずしも統一されていない．占有状態および Fermi 準位より数 eV 高いバンド領域ともに価電子帯と呼ぶことも多く，電子伝導に関わる意味で Fermi 面を構成しているバンドを特に伝導帯と呼ぶこともある．

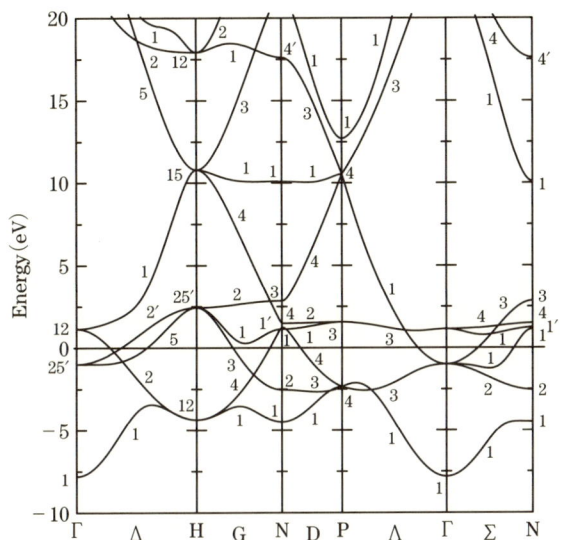

図 1.8 非磁性 bcc 構造 Cr に対して局所密度近似の範囲で計算されたバンド構造. Brillouin ゾーンの対称線に沿った k 点におけるエネルギー分散関係 ε_j^k が描かれている. 各バンドに付けられた記号（例えば，Γ 点での 1, 25′, 12）はその固有状態の既約表現を示す. エネルギーの原点は Fermi 準位にとられている.

状態密度における軌道角運動量成分をより詳しく解析するために，波動関数 $|\psi_j^k\rangle$ を原子の周りに定義された適当な球面波基底 $|lm\rangle$ に射影し，その重みをつけた部分状態密度

$$D_{lm}(\varepsilon) = \sum_{k,j} |\langle \psi_j^k | lm \rangle|^2 \delta(\varepsilon - \varepsilon_j^k) \tag{1.56}$$

を計算することがしばしば有効である[*7].

図 1.8 のバンド構造に対応した bcc-Cr の全状態密度および部分状態密度を

[*7] 部分状態密度の計算において，射影基底として何をもってくるかはまったくの任意である. 例えば，ここでの場合，動径関数として対応するエネルギーの関数を使用するのか，原子軌道をもってくるか等々の任意性がある. したがって，波動関数の解析においては，その性格に関して定性的な議論に留めておくべきである. この任意性は，部分状態密度をエネルギーに関して積分した電子数についても同様であり，d 電子数が何個，s 電子数が何個という言い方には注意が必要である.

22　第1章　遷移金属の電子状態

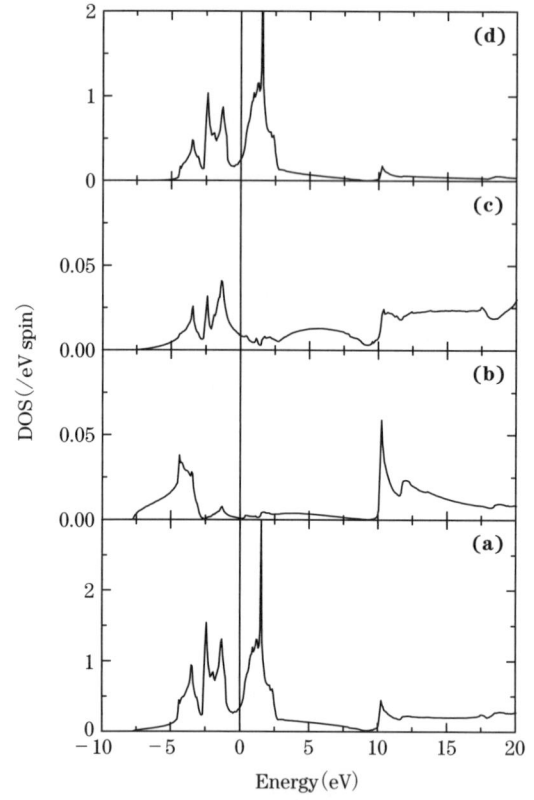

図 1.9　非磁性 bcc 構造 Cr に対して局所密度近似の範囲で計算された状態密度．(a) 全状態密度，(b) s 波部分状態密度，(c) p 波部分状態密度，(d) d 波部分状態密度．エネルギーの原点は Fermi 準位にとられている．

図 1.9 に示す．ここからすぐ気がつくことは，全状態密度において高い状態密度をもつエネルギー領域（Fermi 準位をはさんで $-4\,\mathrm{eV}$ から $+3\,\mathrm{eV}$）は確かに d 成分が支配的なことである．この高い状態密度の範囲を d バンド領域と呼ぼう．また，放物線的バンドの底はほぼ s 軌道だけでできている．sp 軌道と d 軌道間の混成について，d バンド領域での sp 軌道成分を見ると s 軌道に関しては $-4\,\mathrm{eV}$ から $-3\,\mathrm{eV}$ に，p 軌道に関しては $-4\,\mathrm{eV}$ から $0\,\mathrm{eV}$ に状態密度の高まり，すなわち結合性状態 (bonding state) を見ることができる．特に，sd 結合状態

に見られる非対称的な状態密度の形状は，局在性の高い d 軌道と自由電子的な s 軌道間の混成（共鳴）による Fano 効果と見ることができる．状態密度の s 軌道成分は磁場が加えられた（もしくは自発磁化をもつ）場合に Fermi の接触項を介して原子核位置で内部磁場を発生させ，核磁気共鳴実験におけるナイトシフト（超微細場）として観測されることが知られている．

バンド理論 I, 6.2 節 [p.83] で述べられているように，d バンド領域の下端周辺では d 軌道の対数微分は小さな負値をとる，すなわち，d 波動関数は原子の外側の空間領域（マフィンティン (MT) 球半径の領域）で周辺サイトから拡がってきている sp 軌道と結合性状態を構成することになる．一方，d バンド領域の上端周辺では d 軌道の対数微分は大きな負値をとり，MT 球半径領域に節をもつ．周辺サイトの sp 軌道はその領域で大きな振幅をとるので，d 軌道と sp 軌道はほぼ直交関係にあり明確な混成を起こさないことになる．d バンド領域の上端では sp 軌道成分がほとんどなく，反共鳴状態 (anti-resonance state) となっている．d 軌道と sp 軌道間の反結合性状態 (anti-bonding state) は，+10 eV より高いエネルギー領域にわたって見ることができる．しかしながら，この反結合性状態は空間的によく拡がった自由電子的な状態が結晶ポテンシャルによりわずかに変調を受けたエネルギー領域にあるため，原子軌道の基底に基づく電子状態の記述ではその表現に精度としての問題が起こり得る．つまり，最小基底による強束縛近似を用いてこのエネルギー領域を記述すべきではない．

1.5.3　バンド構造の結晶構造による違い

前節に述べた bcc 構造 Cr に見られる遷移金属に実現しているバンド構造の大まかな様子は，$3d$, $4d$, $5d$ 元素を問わず，また，bcc, hcp, fcc の結晶構造を問わず広く遷移金属に共通して見られる．ここでは，結晶構造による d バンドの違いに注目して，遷移金属における電子状態のより詳細な点を議論しよう．

図 1.10 と図 1.11 に，$4d$ 遷移金属である bcc 構造 Mo, hcp 構造 Ru, fcc 構造 Pd に対して局所密度近似の範囲で計算された，それぞれバンド構造と部分状態密度を示す．

まず，$4d$ 遷移金属のバンド構造と状態密度は，前節で述べた $3d$ 遷移金属と見

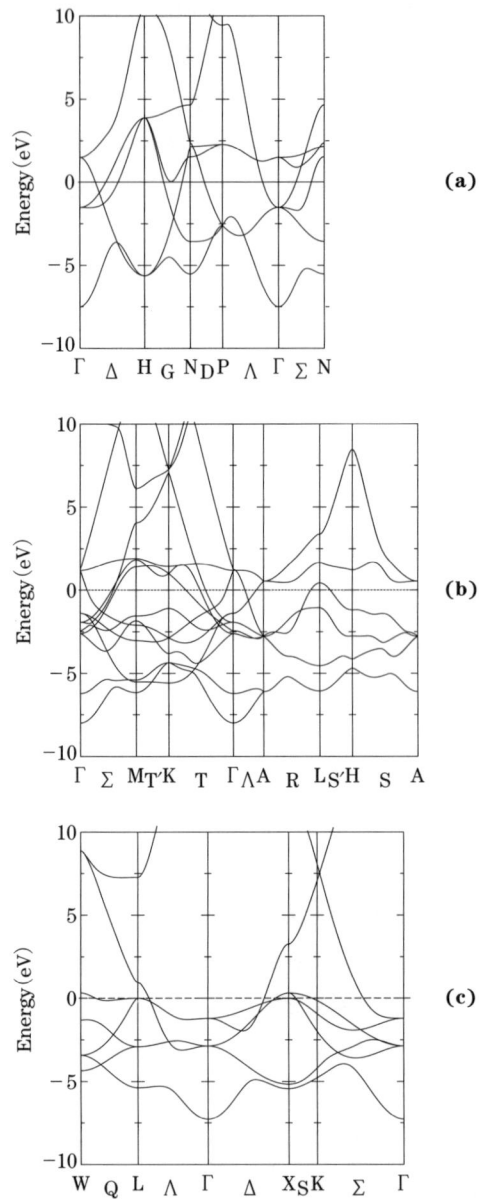

図1.10 4d 遷移金属のバンド構造. (a) bcc 構造 Mo, (b) hcp 構造 Ru, (c) fcc 構造 Pd. エネルギーの原点は,それぞれの Fermi 準位にとられている.

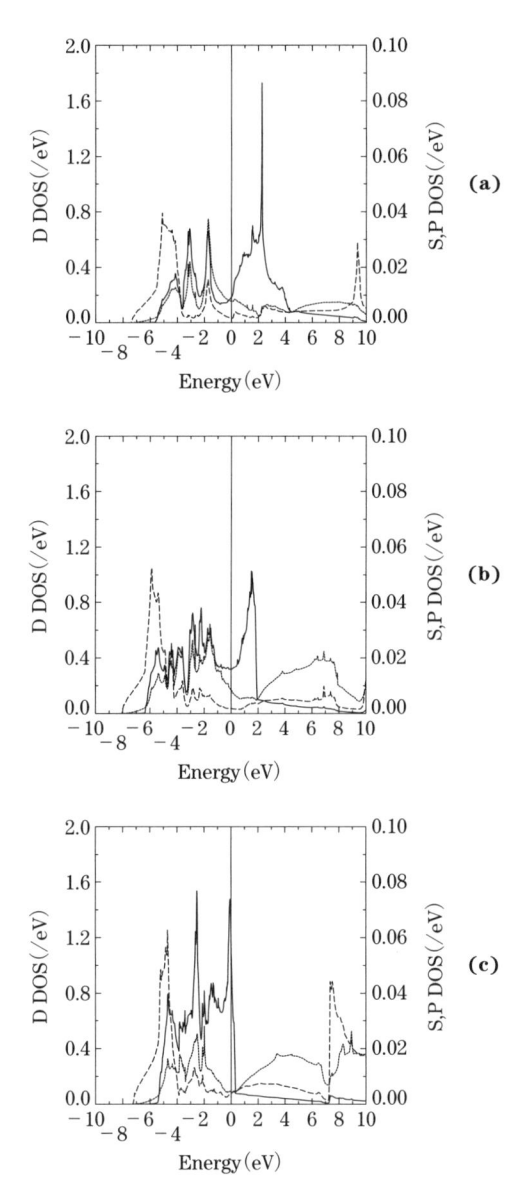

図1.11 4d 遷移金属の部分状態密度. (a) bcc 構造 Mo, (b) hcp 構造 Ru, (c) fcc 構造 Pd. エネルギーの原点は, それぞれの Fermi 準位にとられている. 破線は s 軌道成分, 点線は p 軌道成分, 実線は d 軌道成分を示す. sp 成分と d 成分のスケールの違いに注意.

比べて，狭い幅の d バンドと大きな分散をもつ自由電子的な sp バンドが Fermi 準位近傍のエネルギー領域に共存し混成している点に関して，基本的な様子は酷似していることが分かる．特に，同じ bcc 結晶構造 Cr と Mo のバンド構造と状態密度は本質的に相似形である．この相似性は，1.4 節で述べた強束縛近似パラメータの相似的関係およびスケーリング則から理解できる性質である．また，Mo と Cr の価電子数も同じであることから，当然，Fermi 準位のバンドに対する位置も同じである．定量的違いを見るならば，Mo の d バンド幅は Cr のそれと比べて 3 割程度大きく，それに対応して Mo の d 状態密度は Cr に比べて 3 割程度低い[*8]．これは，格子定数において Mo ($a = 3.14$Å) の方が Cr ($a = 2.88$Å) より大きいこと以上に，Mo の $4d$ 軌道が Cr の $3d$ 軌道と比べて空間的により拡がっていることに起因している．

bcc 構造 Mo と Cr の d バンド状態密度は Fermi 準位近傍に大きな谷構造を共通してもつ．また，hcp 構造 Ru でも Fermi 準位は谷構造に位置する．もちろん，Ru の価電子数は Mo より 2 個多いのであるから，Fermi 準位は高エネルギー側にその分だけシフトしていて，hcp 構造に現れる谷構造は bcc 構造のそれとは本質的に違うはずである．一方，fcc 構造 Pd の場合には，d バンドにわたって，bcc や hcp 構造に見られる明確な谷構造はなく，d バンド上端のピークに Fermi 準位は一致する．このような d バンド形状の違いは何によるのであろう．これを見るために，強束縛近似による d バンドに対して，それぞれの結晶構造において飛び移り積分を考慮する範囲を最近接から数近接まで変えてバンド形状における効果を調べよう．

まず，表 1.3 に bcc, hcp, fcc 構造における近接原子サイトの数と距離を示す．ここより読み取れる重要な点は，まず，bcc 構造に関して最近接と第 2 近接の距離が 15.5% しか違わないのに，hcp, fcc 構造のそれは 41.4% も異なる点である．dd 軌道間の飛び移り積分におけるスケーリング則 (1.54) が R^{-5} になることから，bcc 構造での第 2 近接飛び移り積分は最近接の約半分近くに対して，hcp, fcc 構造では 18% ほどに過ぎない．この電子状態における意味で，hcp, fcc 構

[*8] d バンドの全状態数は原子あたり 10 であるので，d バンド幅と d 状態密度の高さは反比例の関係にある．

1.5 遷移金属の電子状態の特徴

表1.3 bcc, hcp, fcc 構造における近接原子サイトの数 N, 距離 R, および R^{-5}. 距離は最近接距離を単位とする. hcp 構造では格子定数比 c/a として理想値 $\sqrt{8/3} = 1.633$ を仮定している.

		1	2	3	4	5
bcc	N	8	6	12	24	8
	R	1.0	1.155	1.633	1.915	2.0
	R^{-5}	1.0	0.487	0.086	0.039	0.031
hcp	N	12	6	2	18	12
	R	1.0	1.414	1.633	1.732	1.915
	R^{-5}	1.0	0.177	0.086	0.064	0.039
fcc	N	12	6	24	12	24
	R	1.0	1.414	1.732	2.0	2.236
	R^{-5}	1.0	0.177	0.064	0.031	0.018

造では最近接が12サイトの文字通り最密構造である一方，bcc 構造では最近接と第2近接の14サイトを合わせて最密構造を構成していると考えた方がよいことになる.

実際，この結晶構造における特徴が電子状態に現れる．図1.12に，強束縛近似による d バンド状態密度を示す．ここでは，飛び移り積分の関係 (1.53), (1.54) を用いて d バンド成分だけを考慮し，飛び移り積分を考慮した近接サイトの違いによる状態密度を示している．bcc 構造ですぐ分かることは，最近接だけの飛び移り積分を考慮した場合と，第2近接までの場合との状態密度の大きな違いである．特に，bcc 構造に特有な d バンド中央の谷構造は第2近接以降の飛び移り積分を考慮した場合に明確となる．また，hcp，fcc 構造ともに最近接だけの飛び移り積分でも大まかな状態密度は再現されている．特に，fcc 構造の d バンド上端に見られるピーク構造は位置は多少ずれるが最近接だけの場合でも顕著に現れる．一方，hcp 構造の 2/3 占有あたりに現れる谷構造は第2近接までを含めることで現れるが，その明確な U 字形はそれ以遠も考慮する必要性を示している．

このように，d バンド状態密度における大まかな構造は bcc 構造では第2近接まで，hcp，fcc 構造では最近接まででおよそ決まっていると言ってよく，それぞれのピーク構造や谷構造のさらなる詳細はそれ以遠の飛び移り積分が決めてい

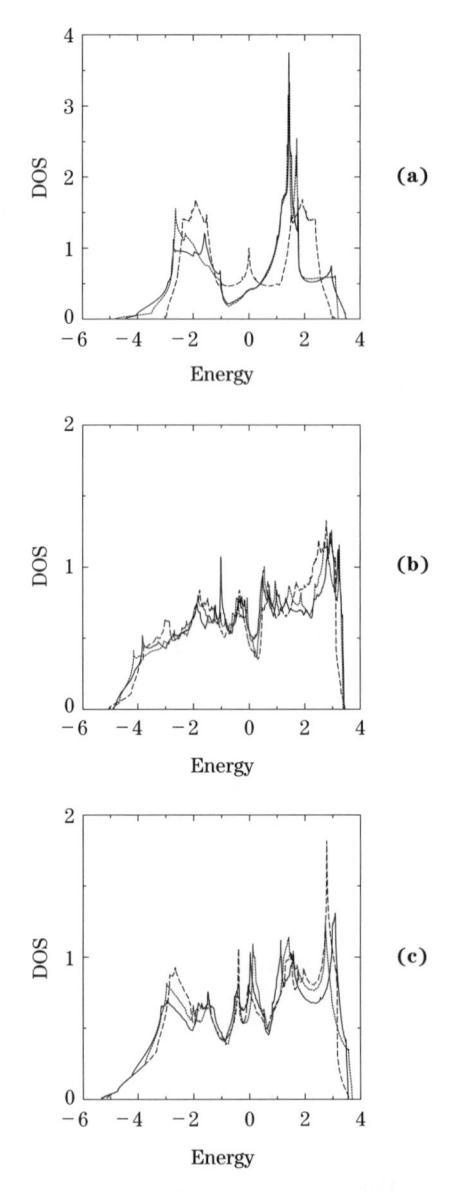

図 1.12 強束縛近似による d バンド状態密度．(a) bcc 構造，(b) hcp 構造，(c) fcc 構造．線の違いは，飛び移り積分を考慮したそれぞれの構造での近接サイトの違いによる．破線は最近接だけ，点線は第 2 近接まで，実線は第 5 近接までを含む．

る．状態密度における構造と飛び移り積分との関係については Cyrot-Lackmann のモーメント定理が知られている[7]．

図 1.12 に示した d 状態密度における hcp，fcc 構造の違いは，表 1.3 に示された局所構造での両者の類似性に照らして興味深い．両構造とも，第 2 近接までのサイト数，距離を含め局所構造はまったく同じである．それにもかかわらず，d 状態密度は最近接飛び移り積分の段階から微妙な違いを見せている．これは，結晶の対称性の違いにより Brillouin ゾーンが異なる点と単位胞に含まれる原子数の違いによりバンド数が異なる点から，バンドの交差・反交差に違いが生じるためと思われる．ちなみに，空間群は bcc 構造 ($Im\bar{3}m$)，hcp 構造 ($P6_3/mmc$)，fcc 構造 ($Fm\bar{3}m$) であり，単位胞内の原子数は，それぞれ，1，2，1 個である．

ミニコラム：第一原理電子状態計算手法と強束縛近似法

　第一原理に基づく高精度の電子状態計算が，計算コードの普及およびコンピュータの高速化・大規模化に伴い，かなり複雑な物質系に対しても比較的簡単に実行できるようになった今日この頃である．本章で概説した強束縛近似法の基礎的重要性は認めるものの，この期に及んでもはや不要なのではと読者諸氏はお考えかと思う．しかしながら，第一原理計算は電子状態や種々の物理量を精度よく与えてくれる一方で，興味ある物性発現のからくりを結果から直接的に理解・解釈することは多くの場合に難しいのが現実である．このとき，より直感的に訴えやすい強束縛近似のアプローチを第一原理計算結果の解析に適用することが有効であることが多く，複雑な電子状態もその本質については予想外に簡単なモデルハミルトニアンで表現できることがよく知られている．もちろん，強束縛近似法だけではパラメータの任意性や近似の限界があるので，第一原理計算との併用が研究手法として重要になる．最近，第一原理計算の結果を単純なモデルハミルトニアンに焼き直す unfolding の手法が注目を集めており，より近似精度の高い解析手法への合理的な接続を可能としている．強束縛近似法に関して，Harrison による考え方[8] を参考にされるとよい．

第2章
遷移金属の凝集機構

> *"Cohesion (n. lat. cohaerere "stick or stay together") or cohesive attraction or cohesive force is the action or property of like molecules sticking together, being mutually attractive. This is an intrinsic property of a substance that is caused by the shape and structure of its molecules which makes the distribution of orbiting electrons irregular when molecules get close to one another, creating electrical attraction that can maintain a macroscopic structure such as a water drop." Wikipedia*[1]

凝集（cohesion）とは，原子が集まって固体（もしくは分子）を形成することをいう．凝集エネルギー E_C は，原子のエネルギー E_{atom} と固体の原子あたりのエネルギー E_{solid} の差

$$E_C = E_{atom} - E_{solid} \tag{2.1}$$

で定義され，凝集するとは $E_C > 0$ を意味する[2]．

凝集の性質は，物質が固有にもつ性質，すなわち物性における最も基本的なものの一つでその物質の電子状態とたいへん深く関わっている．凝集の微視的機構に関しては，上に示した Wikipedia からの引用にあるように，原子が集まって結合をつくるという**引力**的な作用であることが強調されがちであるが，原子間距離に平衡値があるという事実，すなわち同時に**斥力**の存在を忘れてはならない．斥力の存在は物質がつぶれない，つまり物質が安定に存在するということの理解には引力にもまして必要不可欠な要件であり，以下に述べるように，量子力学的な解釈が本質である．

---

[1] http://en.wikipedia.org/wiki/Cohesion_(chemistry)
[2] 凝集エネルギーを逆の符号で定義する場合もしばしばあるので注意が必要である．

本章では，まず凝集における引力と斥力の本質をヴィリアル定理の側面から解説する．次に，遷移金属の凝集について一般的な実験事実を概観した後，遷移金属の凝集機構に関して，Friedel のモデルからの半定量的な説明に続き，Gelatt の再規格化原子モデルの議論を紹介し，ヴィリアル定理に基づく圧力の解析から機構の本質や元素による機構の定量的違いに言及する．

2.1 ヴィリアル定理

ヴィリアル定理は，以下に示すように，一般的で厳密な定理であり，凝集機構に関する基本的な概念を与える．断熱近似の下での静止した原子核配置 $\{R_n\}$ が与えられた多電子系に対して，運動エネルギー項 $\hat{T}$ とポテンシャル項 $\hat{U}$ からなるハミルトニアン $\hat{\mathcal{H}}$ からスタートする．

$$\hat{\mathcal{H}} = \hat{T} + \hat{U} \tag{2.2}$$

$$\hat{T} = \sum_i \left(-\frac{\hbar^2}{2m} \nabla_i^2 \right) \tag{2.3}$$

$$\hat{U} = \sum_{i>j} \frac{e^2}{|\boldsymbol{r}_i - \boldsymbol{r}_j|} + \sum_{n>n'} \frac{Z_n Z_{n'} e^2}{|\boldsymbol{R}_n - \boldsymbol{R}_{n'}|} - \sum_{i,n} \frac{Z_n e^2}{|\boldsymbol{r}_i - \boldsymbol{R}_n|} \tag{2.4}$$

ここで，$\boldsymbol{r}_i$ は i 番目の電子の空間座標，Z_n は n 番目の原子の原子番号である．このハミルトニアンに対する基底状態のエネルギー（ここでは全エネルギーと呼ぶ）は，原子核配置 $\{R_n\}$ に関する断熱ポテンシャルを与える．

ここで，系をスケールする因子として S を導入する．すなわち，電子および原子の座標や波動関数に対して

$$r_i \to S\left(\frac{\boldsymbol{r}_i}{S}\right) \tag{2.5}$$

$$R_n \to S\left(\frac{\boldsymbol{R}_n}{S}\right) \tag{2.6}$$

$$\psi(\boldsymbol{r}_i) \to S^{-3/2}\, \tilde{\psi}\left(\frac{\boldsymbol{r}_i}{S}\right) \tag{2.7}$$

の変換を考える．なお，$\tilde{\psi}$ に示すようなチルド記号は無次元量で書かれた量を表すものとする．一電子軌道 (2.7) における $S^{-3/2}$ の因子は，自乗して確率密度（単位体積あたりの電子数）となることから理解できる．

これらの変換により，運動エネルギー，ポテンシャルエネルギーの期待値はそれぞれ

$$T = \langle \Psi | \hat{T} | \Psi \rangle = S^{-2} \tilde{T} \left(\frac{\bm{R}_1}{S}, \frac{\bm{R}_2}{S}, \cdots \right) \tag{2.8}$$

$$U = \langle \Psi | \hat{U} | \Psi \rangle = S^{-1} \tilde{U} \left(\frac{\bm{R}_1}{S}, \frac{\bm{R}_2}{S}, \cdots \right) \tag{2.9}$$

となるから，全エネルギーの期待値は

$$E = T + U = S^{-2} \tilde{T} + S^{-1} \tilde{U} \tag{2.10}$$

となる．運動エネルギー，ポテンシャルエネルギーの期待値における無次元量 $\tilde{T}$ と $\tilde{U}$ の前に現れた陽の S 依存性は，ハミルトニアン中の対応する演算子がそれぞれ，$\partial^2/\partial x^2$，$1/r$ であることに起因するものである．

スケーリングパラメータ S は任意に導入されたものであるから，S により物理は変わらない．すなわち，全エネルギーは S によらない．

$$\begin{aligned} 0 = \frac{\partial E}{\partial S} &= -2S^{-3}\tilde{T} - S^{-2}\tilde{U} \\ &+ S^{-2} \sum_{p,n} \frac{\partial \tilde{T}}{\partial (R_{pn}/S)} \left(-S^{-2} R_{pn} \right) + S^{-1} \sum_{p,n} \frac{\partial \tilde{U}}{\partial (R_{pn}/S)} \left(-S^{-2} R_{pn} \right) \end{aligned} \tag{2.11}$$

ここで，p は座標成分 x, y, z を表す．エネルギーの原子座標微分の負符号はその原子にはたらく力であり，

$$F_{pn} = -\frac{\partial E}{\partial R_{pn}} = -S^{-3} \frac{\partial \tilde{T}}{\partial (R_{pn}/S)} - S^{-2} \frac{\partial \tilde{U}}{\partial (R_{pn}/S)} \tag{2.12}$$

と書けることを用いて

$$-\sum_{pn} R_{pn} \frac{\partial E}{\partial R_{pn}} = \sum_n \bm{R}_n \cdot \bm{F}_n = 2T + U \tag{2.13}$$

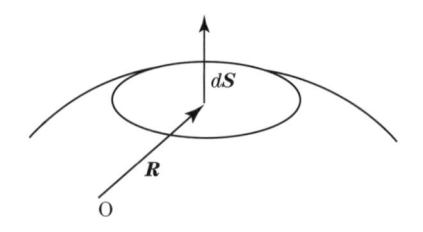

図 2.1 位置 R にある素面積 dS.

が得られる．これがヴィリアル定理である[*3]．

固体結晶系では，バルク内部の原子にはたらく力は対称性より 0 であり，表面近傍にいる原子にだけ力がはたらく．図 2.1 に示すように，マクロな物質の表面における位置 R にある素面積 dS に含まれる多数の原子に関して，(2.13) の和をとり，素面積に垂直方向の単位面積あたりの力，すなわち圧力を p と置くと

$$\sum_{\{dS\}} \boldsymbol{R}_n \cdot \boldsymbol{F}_n = p\boldsymbol{R} \cdot d\boldsymbol{S} \tag{2.14}$$

となるから，マクロな系の表面全体にわたって和をとることは表面積分と近似でき，Gauss の定理により体積積分に変換することで

$$\sum_{\{S\}} \boldsymbol{R}_n \cdot \boldsymbol{F}_n = p\int_S \boldsymbol{R} \cdot d\boldsymbol{S} = p\int_V \nabla \cdot \boldsymbol{R} d\boldsymbol{r} = 3pV \tag{2.15}$$

を得る．結局，固体系に対するヴィリアル定理として

$$3pV = 2T + U = E + T \tag{2.16}$$

なる関係式が与えられる．

上で得られたヴィリアル定理より，凝集に関する一般的な性質を導いてみよう．平衡状態（$F_{pn} = 0$ もしくは $p = 0$）にある原子系と固体系を考えると，それぞれについて全エネルギーとヴィリアルは

[*3] 力の和が $\sum_n \boldsymbol{F}_n = 0$ であることから，ヴィリアル定理は原子座標における原点の選び方によらないことに注意しよう．

$$\begin{cases} E_{\text{atom}} = T_{\text{atom}} + U_{\text{atom}} \\ 2T_{\text{atom}} + U_{\text{atom}} = 0 \end{cases} \tag{2.17}$$

$$\begin{cases} E_{\text{solid}} = T_{\text{solid}} + U_{\text{solid}} \\ 2T_{\text{solid}} + U_{\text{solid}} = 0 \end{cases} \tag{2.18}$$

となる．今，凝集する $E_C > 0$，すなわち全エネルギーに関して $E_{\text{atom}} > E_{\text{solid}}$ なる場合を問題としているので，原子と固体のときのそれぞれの運動エネルギーとポテンシャルエネルギーに関して，(2.17) および (2.18) より次の結果を得る．

$$T_{\text{solid}} > T_{\text{atom}} \tag{2.19}$$

$$U_{\text{solid}} < U_{\text{atom}} \tag{2.20}$$

$$U_{\text{solid}} - U_{\text{atom}} = -2(T_{\text{solid}} - T_{\text{atom}}) \tag{2.21}$$

これらの関係式は，凝集するならばポテンシャルエネルギーは必ず得を，運動エネルギーは必ず損をし，ポテンシャルエネルギーにおける得分は運動エネルギーの損分の2倍である，ということを示している．最後の関係は，全エネルギーは運動エネルギーとポテンシャルエネルギーの和なので，得分は損分を倍上回る，すなわち凝集するという前提と合致する．

以上の議論は平衡位置（$V = V_0$，すなわち $p = 0$）での話であったが，固体系における体積 V が平衡体積 V_0 より変化した場合の運動エネルギー T とポテンシャルエネルギー U の振る舞いはどうなるであろうか．V_0 での運動エネルギー，ポテンシャルエネルギーのそれぞれを T_0，U_0，全エネルギーを E_0 としよう．また，V_0 の近傍で全エネルギーは体積弾性率を B_0 として

$$E = E_0 + \frac{1}{2}\frac{B_0}{V_0}(V - V_0)^2 = E_0 + \frac{1}{2}\frac{B_0}{V_0}(\Delta V)^2 \tag{2.22}$$

と体積変化 ΔV の2次までで書けるとする．ここで，体積弾性率は

$$B_0 = -\left[V\left(\frac{dp}{dV}\right)\right]_0 = \left[V\left(\frac{d^2 E}{dV^2}\right)\right]_0 \tag{2.23}$$

で定義されていることに注意しよう．このとき，圧力 p は ΔV の1次までで

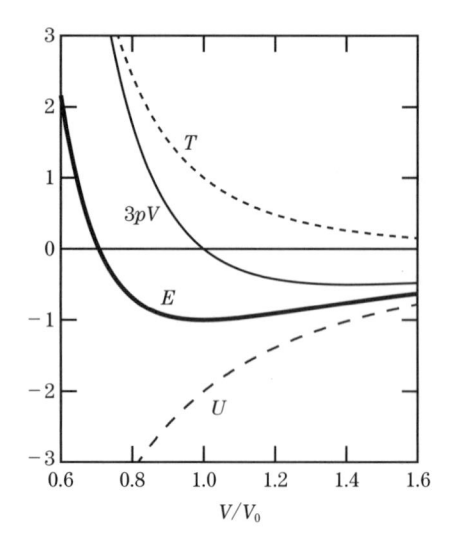

図 2.2 全エネルギー E（太実線），運動エネルギー T（点線），ポテンシャルエネルギー U（破線），ヴィリアル $3pV$（細実線）の平衡体積 V_0 近傍での体積依存性の模式図．

$$p = -\frac{dE}{dV} = -B_0\left(\frac{V}{V_0} - 1\right) = -\frac{B_0}{V_0}\Delta V \tag{2.24}$$

である．

まず，$V < V_0$ ($\Delta V < 0$) の場合，(2.24) より $p > 0$ であるので，ヴィリアル定理より $-3B_0\Delta V = 2T + U = E + T > E_0 + T_0$ となるから，$T > T_0$ および $U < U_0$ を得る．また，$V > V_0$ ($\Delta V > 0$) の場合，$-3B_0\Delta V = 2T + U = E + T < E_0 + T_0$，すなわち $T < T_0$ および $U > U_0$ となる．この体積依存性の振る舞いを模式的に描いたのが図2.2である．つまり，平衡体積 V_0 の周りで，運動エネルギー T は体積に関して単調減少関数，ポテンシャルエネルギー U は体積に関して単調増加関数となり，V_0 で，その和である全エネルギー $E = T + U$ は最小値を，ヴィリアル $3pV = 2T + U$ は V_0 で 0 値をとる．このことは，原子から凝集する場合の引力は明らかにポテンシャルエネルギーから，すなわちCoulomb力に起因し，斥力は運動エネルギーから，すなわち波動関数の曲率の期待値としての量子力学的効果として現れるものと考えられる．引力がCoulomb

力であることは，正電荷をもつ原子核の間に負電荷の電子をより多く分布させることで結合が生まれることからも理解できる．一方，そのように原子核間の狭い領域に集められた電子はお互いの直交性を保つためにより振動的な振る舞いを引き起こし，曲率を増加させて運動エネルギーの増大を導き，これが斥力としてはたらくこととなる．量子力学のない世界では物質は安定に存在できない．

> **ミニコラム：運動エネルギーは上がる？下がる？**
>
> 多くの論文や教科書における金属結合に関する記述の中で，波動関数の非局在化に伴う**運動エネルギーの減少**が金属結合の原因であると説明されている．これは，そのままでは上で述べたヴィリアル定理からの結論（凝集するとき運動エネルギーは必ず上昇する）に反することになる．いったい何がこの矛盾を生んでいるのだろうか．
> 通常，自由電子的な伝導電子に対して，前提として内殻状態との直交性（運動エネルギーの上昇）と原子核と内殻電子からの Coulomb ポテンシャルの相殺を考慮し，その結果としての擬ポテンシャルに対する平面波的な波動関数を考えている．ここからスタートして，結晶でのバンド形成によるバンドエネルギー（運動エネルギー）の得分を考えているのでこのような表現になっているのである．

2.2　一般的性質に関する実験事実

遷移金属は，前章のはじめに述べたように，常温常圧で，体心立方（bcc），面心立方（fcc），六方最密（hcp）のいずれかの最密結晶構造をとり，融点が高いなど典型金属と比べて強い凝集の存在が期待される．図 2.3 に，遷移金属と周期表でその周辺にある典型金属の凝集エネルギー E_C の観測値を示す．図 2.3 から読み取れる遷移金属の凝集エネルギー E_C の特徴は以下にまとめられる．

1. d 電子数 n_d の関数として，3d，4d，5d いずれの周期においても $n_d \sim 5$ 近辺に最大値をとる放物線的振る舞いを示す．

2. 大きさは数 eV の程度であり，$3d < 4d < 5d$ の定量的傾向がある．

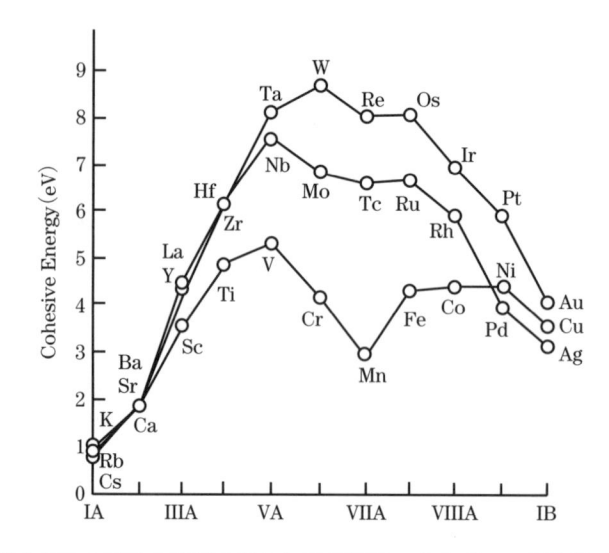

図2.3 遷移金属およびその周辺金属における凝集エネルギーの実験値 (eV/原子).

3. $n_d \sim 5$ の最大値近傍に凹みをつくる.

遷移金属の凝集エネルギー E_C に見られる上記の振る舞いは，凝集に関係する他の量である，融点，表面張力，体積弾性率，剛性率，のいずれにも見受けられる普遍的な特徴である．また，原子あたりの体積に関しても同様の傾向が見られる．図 2.4 に，Wigner-Seitz 球[*4]の半径を $3d$, $4d$ 遷移金属およびその周辺金属に対してプロットした．原子あたりの体積が，$3d$ および $4d$ の系列で同じように全体的に右下がりの傾向を示すのは，原子番号 Z に比例して原子核からの引力ポテンシャルが強まり，凝集に関わる軌道の収縮が起こるためである．

さらに，図 2.5 に示すように，遷移金属および周期表でその周辺にある典型元素の常温常圧での結晶構造は，Mn, Fe, Co を除いて，$3d$, $4d$, $5d$ の周期に依存せず，IIA 族から IB 族の範囲で fcc↔hcp↔bcc↔hcp↔fcc(↔hcp) という $n_d \sim 5$ を中心とした対称的な変化を示す．Mn, Fe, Co については後に触れる

[*4] 原子一つあたりの体積をもつ球．単一元素の結晶系で近接原子への線分の垂直二等分面がつくる最小体積（Volonoi 多面体）は Wigner-Seitz セルと呼ばれ，Wigner-Seitz 球はそれを球に置き換えたものと見なすことができる．

2.2 一般的性質に関する実験事実　39

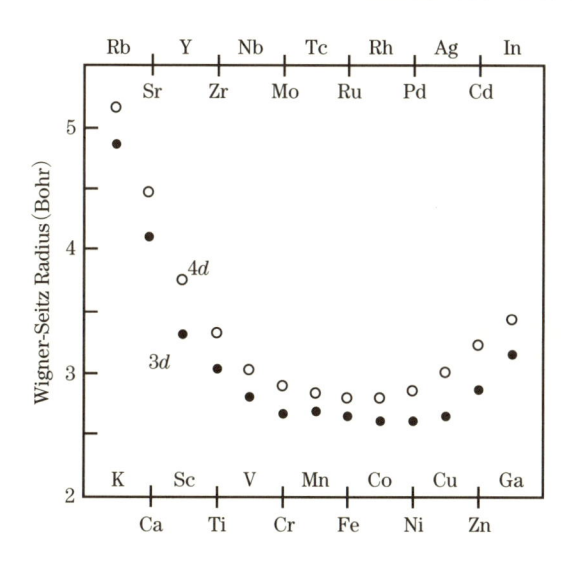

図2.4 遷移金属およびその周辺金属における Wigner-Seitz 半径の実験値（Bohr 半径単位）．黒点は $3d$ 金属およびその周辺金属を，白点は $4d$ 金属およびその周辺金属を示す．

	1 IA	2 IIA	3 IIIA	4 IVA	5 VA	6 VIA	7 VIIA	8	9 VIIIA	10	11 IB	12 IIB
4	19 K	20 Ca	21 Sc	22 Ti	23 V	24 Cr	25 Mn	26 Fe	27 Co	28 Ni	29 Cu	30 Zn
5	37 Rb	38 Sr	39 Y	40 Zr	41 Nb	42 Mo	43 Tc	44 Ru	45 Rh	46 Pd	47 Ag	48 Cd
6	55 Cs	56 Ba	72 LA Hf	73 Ta	74 W	75 Re	76 Os	77 Ir	78 Pt	79 Au	80 Hg	
	BCC	FCC	HCP		BCC		HCP			FCC		HCP

図2.5 遷移金属と周期表でその周辺にある典型金属の常温常圧での結晶構造．BCC は体心立方 (body centered cubic) 構造，HCP は六方最密 (hexagonal close packed) 構造，FCC は面心立方 (face centered cubic) 構造である．Mn, Fe, Co の構造はその傾向から外れている．

ようにその磁気秩序が安定構造の実現に関わっている．

　これらの実験事実は，遷移金属の凝集機構は d 電子が主役となった電子状態によって決められていることを物語っている．

2.3 Friedelの模型

前節に述べた遷移金属の凝集に関する性質を説明するために，Friedelは d バンドの形成に伴ってバンドエネルギーの得する機構を考えた[9,10]．すなわち，凝集エネルギーは原子と固体での軌道エネルギー ε_n を用いて

$$E_C = \sum_n^{\text{occ.}} \varepsilon_n^{(\text{atom})} - \sum_n^{\text{occ.}} \varepsilon_n^{(\text{solid})} \tag{2.25}$$

により与えられるとした．ここで，$\sum_n^{\text{occ.}}$ は占有状態に関する和を意味する．原子のとき n_d 個の d 電子が縮退した準位 c_d にいるとすると軌道エネルギーの和は

$$\sum_n^{\text{occ.}} \varepsilon_n^{(\text{atom})} = c_d n_d \tag{2.26}$$

となり，固体のとき同数の d 電子が図 2.6(a) に示す原子準位 c_d を中心としたバンド幅 W の矩形状態密度を Fermi 準位 E_F まで占めるとすると，軌道エネルギーの和は状態密度 $D(E)$ を用いたいわゆるバンドエネルギーとして

$$\sum_n^{\text{occ.}} \varepsilon_n^{(\text{solid})} = \int^{E_F} D(E) E dE \tag{2.27}$$

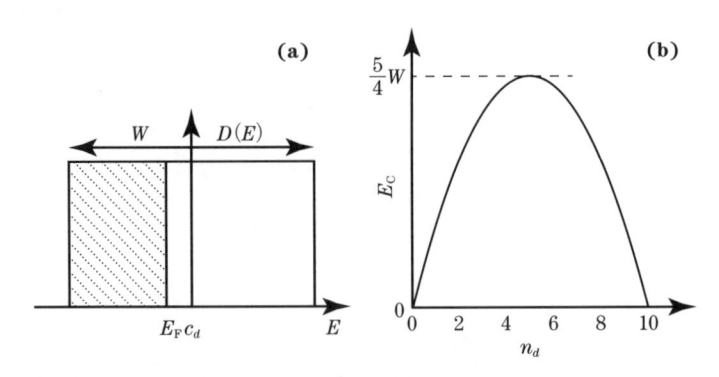

図 2.6 (a) 遷移金属に対する d バンド矩形状態密度．原子の d 準位 c_d を中心にバンド幅 W のバンドが形成されている．(b) バンドエネルギーにより評価された d 電子数 n_d の関数としての凝集エネルギー E_C．

目次

はじめに

基礎編

1. 量子力学の基本的考え方
1.1 重ね合わせの原理とハミルトニアン行列
1.2 定常状態

2. ベンゼン分子の電子状態（ヒュッケル分子軌道法）：π共役分子
2.1 σ結合とπ結合
2.2 ヒュッケル分子軌道法
2.3 ヒュッケル則
2.4 拡張ヒュッケル分子軌道法

3. 結晶格子と逆格子
4.1 ブラベー格子
4.2 基本単位格子
4.3 対称操作
4.4 逆格子
4.5 逆格子と格子面

5. 1次元格子の電子状態：バンドの考え方
5.1 1次元格子における電子のエネルギー
5.2 周期的境界条件
5.3 エネルギーバンドとフェルミ面
5.4 エネルギーバンドの占有率と物性
5.5 分子性導体の合成

6. 強結合近似バンド計算
6.1 単位格子に複数の分子を含む3次元結晶のエネルギーバンド
6.2 周期的境界条件の一般化
6.3 二量化した1次元鎖
6.4 グラフェン

7. 金属状態の不安定性：低次元性と電子相関効果
7.1 パイエルス不安定性：電荷密度波
7.2 スピン密度波
7.3 $4k_F$電荷密度波とスピンパイエルス転移
7.4 モット絶縁体
7.5 電荷秩序とダイマーモット絶縁体

各論

8. TTF系有機ドナーのカチオンラジカル塩
8.1 TMTTFとそのセレン置換体TMTSFのカチオンラジカル塩
8.2 $\beta(\beta')$-型 BEDT-TTF 塩
8.3 θ-型 BEDT-TTF 塩
8.4 κ-型 BEDT-TTF 塩
8.5 λ-型 BETS 塩

9. 有機アクセプター DCNQI のアニオンラジカル塩
9.1 pπ-d 系 $(R_1, R_2$-DCNQI$)_2$Cu
9.2 電子相関の強い擬1次元電子系 $(R_1, R_2$-DCNQI$)_2$Ag

10. 金属–ジチオレン錯体系分子性導体
10.1 Pd(dmit)$_2$ のアニオンラジカル塩
10.2 Ni(dmit)$_2$ のアニオンラジカル塩

11. 分子性ディラック電子系と単一成分分子性導体
11.1 分子性ディラック電子系
11.2 単一成分分子性導体

12. 終わりに

物質・材料テキストシリーズ

藤原毅夫・藤森 淳・勝藤拓郎・宇田川将文 監修

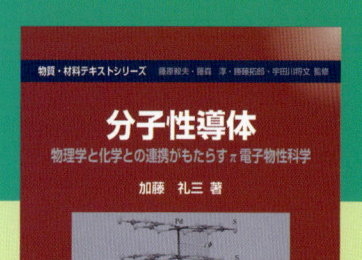

分子性導体
物理学と化学との連携がもたらす π電子物性科学

加藤 礼三 著

A5・256頁・ISBN978-4-7536-2325-9
定価 4950円（本体 4500円 + 税 10%）

本書は，有機分子や金属錯体分子などのπ共役分子を構成成分とする電気伝導体である分子性導体について，分野の初学者のために書き下ろされたものである．

基礎編と各論から構成され，分子性導体を理解するための基本的な概念を紹介した「基礎編」の後に「各論」において分子性導体の具体例を示し，どのような物理が展開されているかを主に物質開発の観点から記述している．

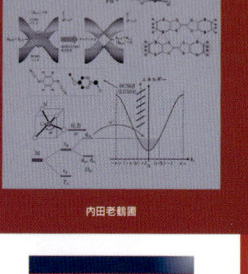

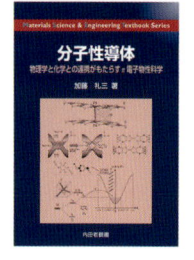

自然科学書出版
内田老鶴圃

〒112-0012 東京都文京区大塚 3-34-3
TEL 03-3945-6781・FAX 03-3945-6782
https://www.rokakuho.co.jp/

物質・材料テキストシリーズ

分子磁性
有機分子および金属錯体の磁性　　小島憲道 著
A5・256頁・定価5170円（本体4700円＋税10%）
ISBN978-4-7536-2317-4

分子磁性の基礎／有機分子の磁性／遷移金属錯体の磁性／低次元磁性体／スピンフラストレーションの磁性／多核錯体の磁性と単分子磁石／スピンクロスオーバー錯体の磁性／電荷移動を伴う分子磁性／発展する分子磁性／付録　磁性の単位系／配位子場理論

材料学シリーズ

強相関物質の基礎
原子，分子から固体へ　　藤森 淳 著
A5・268頁・定価4180円（本体3800円＋税10%）
ISBN978-4-7536-5624-0

はじめに／原子の電子状態／分子の電子状態／固体中の原子の電子状態／固体中の原子間の磁気的相互作用／固体の電子状態／付録　混成軌道の導出／第2量子化／原子内2電子積分のパラメータ化／光電子・逆光電子分光／Clebsch-Gordan係数／原子の電荷配置／原子軌道間の移動積分

材料学シリーズ

バンド理論　物質科学の基礎として
小口多美夫 著
A5・144頁・定価3080円（本体2800円＋税10%）　ISBN978-4-7536-5609-7

遷移金属のバンド理論
小口多美夫 著
A5・136頁・定価3300円（本体3000円＋税10%）　ISBN978-4-7536-5571-7

平面波基底の第一原理計算法
原理と計算技術・汎用コードの理解のために　　香山正憲 著
A5・244頁・定価5280円（本体4800円＋税10%）　ISBN978-4-7536-5560-1

無機固体化学　構造論・物性論
吉村一良・加藤将樹 著
A5・284頁・定価4180円（本体3800円＋税10%）　ISBN978-4-7536-3501-6

無機固体化学　量子論・電子論
吉村一良・加藤将樹 著
A5・304頁・定価4400円（本体4000円＋税10%）　ISBN978-4-7536-3502-3

物質・材料テキストシリーズ

固体の電子輸送現象
半導体から高温超伝導体まで そして光学的性質　　内
A5・176頁・定価3850円（本体3500円＋税10%）　ISBN978-4-753

超　伝　導
直観的に理解する基礎から物質まで　　小池
A5・380頁・定価5500円（本体5000円＋税10%）　ISBN978-4-7536-2

高温超伝導体の電荷応答
強い電子相互作用がもたらすエキゾチックな物性　　田島節子
A5・228頁・定価4620円（本体4200円＋税10%）　ISBN978-4-7536-2323

磁性物理の基礎概念
強相関電子系の磁性　　上田和夫
A5・220頁・定価4400円（本体4000円＋税10%）　ISBN978-4-7536-2316-7

多体電子構造論
強相関物質の理論設計に向けて　　有田亮太郎 著
A5・208頁・定価4180円（本体3800円＋税10%）　ISBN978-4-7536-2320-4

基礎から学ぶ強相関電子系
量子力学から固体物理，場の量子論まで　　勝藤拓郎 著
A5・264頁・定価4400円（本体4000円＋税10%）　ISBN978-4-7536-2310-5

基礎から学ぶ物性物理
バンド理論からトポロジーまで　　勝藤拓郎 著
A5・304頁・定価4180円（本体3800円＋税10%）　ISBN978-4-7536-2322-8

グラフェンの物理学
ディラック電子とトポロジカル物性の基礎　　越野幹人 著
A5・248頁・定価4840円（本体4400円＋税10%）　ISBN978-4-7536-2321-1

磁性体の電気磁気相関
対称性とトポロジーの効果を中心に　　小野瀬佳文 著
A5・168頁・定価3960円（本体3600円＋税10%）　ISBN978-4-7536-2324-2

となり，結局，凝集エネルギー E_C として

$$E_\mathrm{C} = \frac{W}{20} n_d (10 - n_d) \tag{2.28}$$

を得る．ここで，d バンドには全部で 10 個の電子を収容できることから矩形状態密度の高さは $10/W$ であることを用いた．また，d 電子数 n_d は Fermi 準位 E_F と次式で結ばれている．

$$n_d = \int^{E_\mathrm{F}} D(E) dE \tag{2.29}$$

図 2.6(b) に，(2.28) で与えられる Friedel 理論による凝集エネルギー E_C を描いた．図より読み取れるように，凝集エネルギー E_C は d 電子数 n_d の関数として放物線的振る舞いを示す．また，凝集エネルギー E_C の絶対値は $5W/4$ を最大値としてバンド幅 W によりスケールする．d バンド幅は $3d, 4d, 5d$ 遷移金属に対し，それぞれ 5 eV，7 eV，10 eV 程度[*5]であるので，この結果は，前節で述べた遷移金属の凝集エネルギーに関する項目 1 と項目 2 を半定量的に説明する．

Friedel の模型は非常に単純であるにもかかわらず遷移金属の凝集機構の本質をたいへんうまく捉えている．d バンドからのバンドエネルギーへの寄与を考慮しただけの単純な模型であるのに，何故そのように成功したのであろうか．次節以降に，その理由を議論するとともに，残されている問題，すなわち遷移金属の凝集エネルギーに関する項目 3 および結晶構造に現れる fcc↔hcp↔bcc↔hcp↔fcc の順序の原因を考察していこう．

2.4 構造間のエネルギー差と安定機構

凝集エネルギー E_C の d 電子数依存性とバンド幅 W でスケールされるその定量性をうまく説明する Friedel 理論の成功に力を得て，同様の模型を用いて議

[*5] 同じ周期内であっても原子番号の小さい元素の方が大きい元素と比較してより大きなバンド幅をもつ．これは，原子番号の小さい元素の d 軌道の方が原子核からの引力が弱いためにより拡がっていることによる．

論を展開して異なる構造間のエネルギー差を計算し，遷移金属で実現されている安定構造の理解を試みよう．

2.4.1 Friedel 理論の拡張

1.5.3 節に示したように，d バンドの形状は実際には前節で用いたような単純な矩形状態密度ではなく，bcc, hcp, fcc の結晶構造によって巧妙に異なる．bcc と hcp 構造の d バンドの特徴は明確な谷構造の存在であり，fcc 構造でのそれはバンド端における高い状態密度である．それぞれの特徴ある構造近傍に Fermi 準位が位置していることも重要である．これらを Friedel 流にモデル化するために，それぞれの構造の特徴をもつ複数の矩形からなる状態密度を仮定する．すなわち，図 2.7 に示すように，bcc 構造に対しては二つ山の矩形，hcp 構造に対しては三つ山の矩形，fcc 構造に対しては四つ山の矩形からそれぞれなる d バンド状態密度を考える．そして，バンドエネルギーを計算して構造間のエネルギー差を求める．

$$\Delta E_{ij} = \int^{E_{\mathrm{F}}^{(i)}} D^{(i)}(E) E \, dE - \int^{E_{\mathrm{F}}^{(j)}} D^{(j)}(E) E \, dE \tag{2.30}$$

ここで，$D^{(i)}$ と $E_{\mathrm{F}}^{(i)}$ は山の数が i 個のモデル状態密度と対応する Fermi 準位である．三つ山構造モデル状態密度の hcp を基準にとった四つ山 fcc 構造のエネルギー $\Delta E_{43} = E^{(\mathrm{fcc})} - E^{(\mathrm{hcp})}$ と二つ山 bcc 構造のエネルギー $\Delta E_{23} = E^{(\mathrm{bcc})} - E^{(\mathrm{hcp})}$

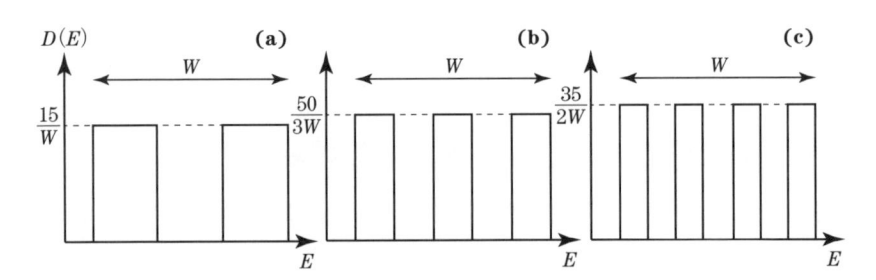

図 2.7 遷移金属における異なる結晶構造に対するモデル状態密度．(a) bcc 構造に対する二つ山状態密度，(b) hcp 構造に対する三つ山状態密度，(c) fcc 構造に対する四つ山状態密度．

2.4 構造間のエネルギー差と安定機構

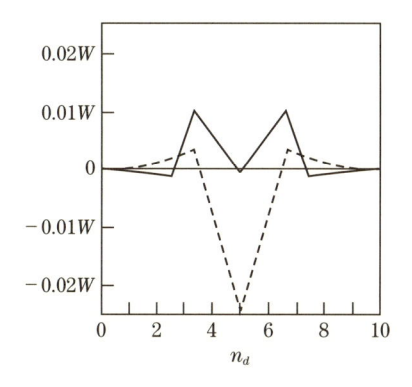

図 2.8 Friedel 模型による d 電子数 n_d の関数としての構造間のエネルギー差. 実線が $E^{(\text{fcc})} - E^{(\text{hcp})}$ に対応する ΔE_{43}, 破線が $E^{(\text{bcc})} - E^{(\text{hcp})}$ に対応する ΔE_{23} を示す.

を図 2.8 に示す. まず, ΔE_{23} は $3.5 < n_d < 6.5$ に大きな負値をもつことに気がつく. ΔE_{23} は, ΔE_{43} よりも下に位置することから, この n_d 領域では二つ山状態密度, すなわち bcc 構造が最も安定であることが導かれる. 一方, $n_d < 2.6$, もしくは $7.4 < n_d$ の d バンド端近傍に Fermi 準位がくる場合は ΔE_{43} が負値となり, 四つ山状態密度, すなわち fcc 構造が安定となる. そして, その中間領域 $2.6 < n_d < 3.5$ および $6.5 < n_d < 7.4$ では三つ山状態密度の hcp 構造が安定となる結果を得る. この結果は, 遷移金属の結晶構造に現れる fcc↔hcp↔bcc↔hcp↔fcc の順序を見事に説明する. また, その構造間のエネルギーの大きさは, 高々 $0.02W$ の程度であり, バンド幅のオーダーである凝集エネルギー E_C よりも桁違いに小さいことに注意すべきである. n_d がバンド端に位置する場合にはそのエネルギー差は, 特に小さくなる. すでに述べたように, 遷移金属のバンド幅 W は eV のオーダー (数万度) であるので, 構造間のエネルギー差は高々数百度の違いである. このため, 遷移金属の中には温度により異なる固相構造に転移するものがいくつかある. 上で得られた, bcc 構造と hcp 構造の安定性は, Fermi 準位が状態密度における谷構造の近傍にあることから次のように説明される.

図 2.9(a) に Fermi 準位近傍に谷構造をもつ状態密度 (実線) ともたない状態密度 (破線) の模式図を示す. 谷構造をもたない場合と比べてもつ場合には, 薄

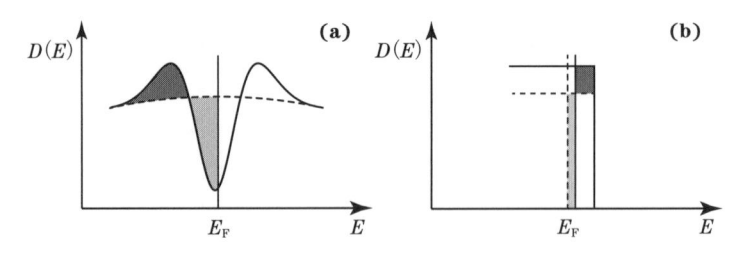

図 2.9 (a) 状態密度に谷構造をもつ場合(実線)ともたない場合(破線)での電子占有の模式図. (b) バンド上端での状態密度が高い場合(実線)と低い場合(破線)での正孔占有の模式図. (b) では,対応する Fermi 準位が異なることに注意.

灰色の部分の占有電子が濃灰色の領域に移動したと見なすことができ,明らかにバンドエネルギーを得する. 一方,Fermi 準位がバンド端近傍にある fcc 構造が安定となる場合は状況が少し異なる. 図 2.9(b) に示すように,バンド上端で状態密度が高い場合(実線)と低い場合(破線)では,全バンド幅を同じと仮定すると Fermi 準位の位置が異なってくる. バンド上端の場合には電子占有より正孔占有として見た方が問題が分かりやすいので,図にはバンドの空き方の違いを示している. 状態密度が低い場合での正孔のうち,薄灰色部分が状態密度の高い場合の濃灰色部分に移動したと見ることができる. 正孔の高エネルギー側への移動は,全バンドの重心は同じであるので,電子占有として見ればより低エネルギーへの移動と同じであり,状態密度の高い方がバンドエネルギーが得するからくりとなる.

2.4.2 第一原理計算による検証

前節では,Friedel 模型の簡単な拡張により遷移金属における安定構造の移り変わりが説明できることを示した. しかしながら,そこで用いた短冊形の状態密度はあまりに単純化されたものであり,より現実的な電子状態による検証が必要となる. 本節では,まず第一原理電子状態計算に基づき得られた全エネルギーにより構造間の相対的安定性を議論し,定性的には前節の議論が正しいことを示そう. 次節では,Friedel 模型の妥当性とその理由について Gelatt らの研究に従って説明する.

2.4 構造間のエネルギー差と安定機構

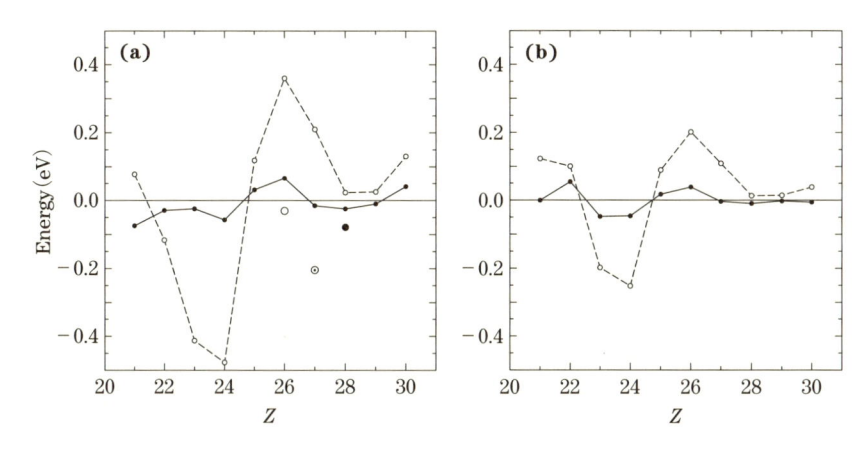

図 2.10 (a) Co の平衡体積，非磁性状態（NM）を仮定して第一原理計算により得られた構造間のエネルギー差（eV/原子）．(b) Ti の平衡体積，非磁性状態（NM）を仮定して第一原理計算により得られた構造間のエネルギー差（eV/原子）．実線で結んだ黒丸は $E^{(\text{fcc-NM})} - E^{(\text{hcp-NM})}$ を，破線で結んだ白丸は $E^{(\text{bcc-NM})} - E^{(\text{hcp-NM})}$ を表す．(a) における，大きな白丸は Fe に対して計算された $E^{(\text{bcc-FM})} - E^{(\text{hcp-NM})}$ を，ドット付き白丸は Co に対して計算された $E^{(\text{hcp-FM})} - E^{(\text{hcp-NM})}$ を，大きな黒丸は Ni に対して計算された $E^{(\text{fcc-FM})} - E^{(\text{hcp-NM})}$ を表す．

図 2.10 に，原子番号 $Z=21$ の Sc から $Z=30$ の Zn に対して第一原理電子状態計算により得られた構造間のエネルギー差を示す．遷移金属では原子番号に依存して平衡体積が大きく変化する．ここでの第一原理電子状態計算においては，Co（$V_0 = 11.06\,\text{Å}^3$）と Ti（$V_0 = 17.66\,\text{Å}^3$）の二通りの体積を仮定し計算している．どちらの体積においても，d バンドが半占有近傍である $Z=23$ の V 以降の元素に対して図 2.8 に示した bcc↔hcp↔fcc の安定構造における移り変わりを定性的によく再現している．しかしながら，定量的には構造間のエネルギー差は図 2.8 より少し大きいことが分かる．また，エネルギー差の体積依存性もかなりある．Ti に対して，Ti の平衡体積に対しては実験と一致して hcp 構造が安定であるが，小さな Co の平衡体積に対して安定構造が bcc であることはたいへん興味深い．すなわち，高圧下では bcc 構造への相転移を起こすことを意味している．$Z=30$ の Zn について，Ti の平衡体積では hcp 構造と fcc 構造のエネルギーはほとんど縮退しているが，Co の平衡体積では実験と一致して hcp 構造が安定となる．これらの結果は，定量的な構造間のエネルギー差に

対して，体積の最適化が重要である点と圧力による安定性の変化が起こり得る可能性を示唆している．

図 2.10(a) には，強磁性状態の bcc 構造 Fe，hcp 構造 Co，fcc 構造 Ni に対して計算されたそれぞれの非磁性 hcp 構造とのエネルギー差も示す．これより，非磁性の場合には hcp 構造が安定な Fe および fcc 構造が安定な Co は強磁性ではそれぞれ bcc 構造と hcp 構造が安定と変わることが読み取れる．

前節で述べた，bcc 構造および hcp 構造の安定性が Fermi 準位近傍における状態密度の谷構造の存在に基づき理解される事実から，常温常圧で Fe が bcc 構造を，Co が hcp 構造をとる理由を理解することができる．それは，強磁性秩序によるバンドの交換分裂に伴う Fermi 準位の見かけ上のシフトである．これを見るために，第一原理電子状態計算により得られた強磁性秩序状態における bcc 構造 Fe と hcp 構造 Co の全状態密度を図 2.11 に示す．bcc 構造 Fe と hcp 構造 Co は強磁性状態においてともに多数スピンの d バンドがほぼ完全に占有されており，Fiedel 流に言うと凝集エネルギーへの多数スピンバンドからの寄与は小さい．一方，スピン磁気モーメントは少数スピンにおける正孔により実現されており，磁性のない場合より少数スピンバンドにおける Fermi 準位は見

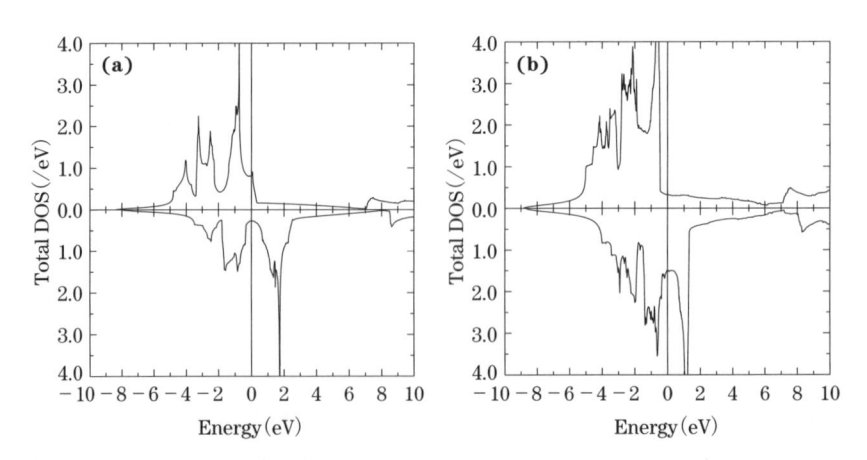

図 2.11 (a) 強磁性 bcc 構造 Fe の全状態密度．(b) 強磁性 hcp 構造 Co の全状態密度．エネルギーの原点は Fermi 準位に選ばれ，上側のパネルが多数スピンバンド，下側のパネルが少数スピンバンドに対応する．

かけエネルギー的に下がることになる．このため，hcp 構造が安定な d 電子数をもつ Fe と fcc 構造が安定な d 電子数をもつ Co が，少数スピンバンドでより少ない d 電子数に対応する Fermi 準位をとることにより，それぞれ bcc 構造と hcp 構造をとることになる．図 2.11 に示されているように，bcc 構造 Fe と hcp 構造 Co の少数スピンバンドにおいてともに Fermi 準位は谷構造に位置している．このことは強磁性の消失に伴い構造変化が起こり得ることを意味しており，実際，bcc 構造 Fe は 14 GPa の高圧下で常磁性となり ε 相（hcp 構造）に相転移を起こす．一方，Co は約 80 GPa まで強磁性 hcp 構造を維持し，高圧相との混合相を経て，130 GPa 以上で常磁性 fcc 構造の高圧相に転移する[11]．

2.5　Gelatt の再規格化原子法

　Gelatt らは，遷移金属の凝集エネルギー E_C が Friedel の模型で簡単に説明される理由を第一原理的な電子状態計算から説明した[12]．また，凝集の特徴のうち項目 3 に上げた凝集エネルギー E_C に現れる d バンド半占有近傍の凹み構造の原因も解き明かした．

　Gelatt らは，原子から固体が形成される過程を 5 段階の仮想的な素過程に分解して凝集のエネルギー損得を見積もった．まず，原子の基底状態における電子配置と固体におけるそれの違いから，原子の段階での異なる電子配置への励起エネルギーを評価した（E_{prep}）．次に，原子では境界条件が自由である一方で，固体では Wigner-Seitz 球のような原子体積内に規格化されているとしてその再規格化エネルギーを計算した（E_{renorm}）．残りは，近接原子間の飛び移り積分によるバンド形成の効果であり，sp 電子からなる自由電子的伝導バンドの形成（E_{cond}），d バンドの形成（E_d），sp 状態と d 状態間の軌道混成効果のエネルギー（E_{hybrid}）をそれぞれ勘定した．以上の仮想的な過程をリストにまとめると次のようになる．

(i) 原子の段階での異なる電子配置への励起エネルギー：E_{prep}

(ii) 原子体積内での再規格化エネルギー：E_{renorm}

48　第 2 章　遷移金属の凝集機構

(iii) 自由電子的伝導バンドの形成エネルギー：E_cond

(iv) d バンドの形成エネルギー：E_d

(v) 軌道混成エネルギー：E_hybrid

最終的に凝集エネルギーは次式となる．

$$\begin{aligned}E_\mathrm{C} &= E_\mathrm{solid} - E_\mathrm{atom} \\ &= E_\mathrm{prep} + E_\mathrm{renorm} + E_\mathrm{cond} + E_d + E_\mathrm{hybrid}\end{aligned} \qquad (2.31)$$

ちなみに，Friedel 模型で評価された d バンドエネルギーは過程 (iv) に関わるエネルギー E_d だけである．なお，Gelatt らによる凝集エネルギーの定義はこれまでと反対符号であることに注意されたい．

図 2.12 に，Gelatt らにより 3d および 4d 遷移金属系列に対して計算された凝集エネルギーへの (i)–(v) からのそれぞれの寄与を示す．

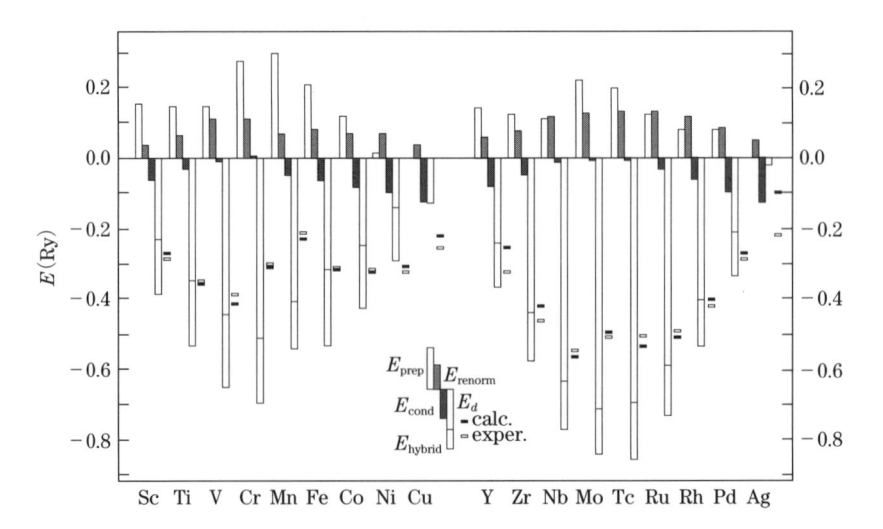

図 2.12　3d および 4d 遷移金属系列に対して計算された原子から固体への 5 段階の仮想的過程における凝集エネルギーへの寄与．(i) 原子の段階での異なる電子配置への励起エネルギー：E_prep, (ii) 原子体積内での再規格化エネルギー：E_renorm, (iii) 自由電子的伝導バンドの形成エネルギー：E_cond, (iv) d バンドの形成エネルギー：E_d, (v) 軌道混成エネルギー：E_hybrid．

2.5 Gelatt の再規格化原子法

まず，E_prep について，例えば Ti の場合に，原子の基底状態の電子配置は $[\text{Ar}]3d^24s^2$ であり，その多電子系の電子配置の中でエネルギー最小値をとる基底状態（ground state）が仮定されている．一方，固体系ではほぼ $[\text{Ar}]3d^34s^1$ の電子配置が実現されていると見なすことができる．しかしながら，固体系ではその最低エネルギーではなく，$[\text{Ar}]3d^34s^1$ の電子配置をもつ多電子状態に対する平均的なエネルギーを考えるべきである．これは，固体系では価電子状態について基本的に拡がったバンド状態となっていることから理解される．したがって，E_prep は Ti の場合に次式により計算されている．

$$E_\text{prep}(\text{Ti}) = \langle E\left([\text{Ar}]3d^34s^1\right)\rangle_\text{av} - \langle E\left([\text{Ar}]3d^24s^2\right)\rangle_\text{gs} \tag{2.32}$$

$3d$ 遷移元素の原子での基底状態はほとんど $[\text{Ar}]3d^{n-2}4s^2$ である一方で，$4d$ 元素の場合には多くが $[\text{Xe}]4d^{n-1}5s^1$ であり固体系に対して考える電子配置と同じであるが，原子の場合にはその基底状態を，固体系では平均エネルギーをとっている違いがある．

さて，図 2.12 に示された E_prep に関して，一般に正値をとるが，Cu や Ag の貴金属元素では 0 であり，$3d$ 元素，$4d$ 元素ともに d 軌道の半占有近傍で極大をとることが分かる．これは，半占有状態に対する原子での基底状態の安定性を意味している．

再規格化エネルギー E_renorm はやはり正値をとり高々 $0.1\,\text{Ry}$（$\sim 1.3\,\text{eV}$）の程度である．d 軌道の半占有近傍でゆるやかなピークをもつが，これはその近傍で原子体積が極小となることにより再規格化による効果が最大となるためである．

バンド形成エネルギーに関してはすべて fcc 構造を用いて計算されている．2.4 節ですでに述べたように構造間のエネルギー差は凝集エネルギーと比べて 2 桁ほど小さいのでここでの議論に仮定した構造は問題とならない．バンド形成に関わるエネルギーはすべて負値をとり，固体系への凝集に寄与する．d バンドの形成エネルギー E_d には Friedel 模型で期待されたとおり，d 電子数に関する放物線的な強い依存性がある．一方，E_cond はその振る舞いを弱く打ち消す d 電子数依存性をもち，E_hybrid は依存性がたいへん小さい．

結果として得られた計算された凝集エネルギーの実験値の再現は驚くべきほ

どである．Ag に対しての不一致は再規格化されたポテンシャルにおける d バンド位置が深すぎて E_{hybrid} を過小評価していることによるものと解析している．

ここで特に重要なことは，図 2.12 を大きく見て E_d 以外の 4 項がほぼ打ち消し合い，結果的に見かけ上 E_d が実験値および計算値の凝集エネルギーを与えていることである．これは，Friedel 模型での凝集エネルギー再現の成功を結果的に説明するものである．また，Friedel 模型で説明できていなかった凝集エネルギーに見られる d バンド半占有近傍での凹みは，主として E_{prep} の振る舞いに起因していると考えられる．すなわち，原子における半占有近傍での基底状態の安定性がその理由である．

2.6 ヴィリアル定理による凝集機構の解析

ヴィリアル定理に基づき，凝縮系における凝集の引力と斥力に関する一般論はすでに 2.1 節で議論した．本節では，ヴィリアル定理を遷移金属の凝集機構の解析に具体的に用いた研究例を紹介しよう．

2.6.1 第一原理計算での圧力の表式

ヴィリアル $3pV$ を密度汎関数理論に基づく電子状態計算により計算可能とする表式を導いたのは Liberman である[13]．彼は，ヴィリアルを簡単な表面積分に表し，Li の平衡体積に対して圧力を求めほぼ 0 の結果を得た．しかしながら，Fe に対しては精度の良い計算は実現されていない．

その数年後，Janak は muffin-tin ポテンシャル近似の範囲で全エネルギーとヴィリアルに対する簡単な表式を得て，遷移金属系への応用に道を開いた[14]．

一方，Pettifor は Wigner-Seitz セルを Wigner-Seitz 球に置き換えるいわゆる原子球近似（atomic sphere approximation）を用いて Liberman によるヴィリアルの表式の簡単化を行った[15]．最終的なヴィリアルの表式を以下に示す．

$$3pV = \sum_l \int^{E_F} dE \, n_l(E) R_l^2(S; E)$$
$$\times \left[(E - V(S))S^3 + (D_l(E) - l)(D_l(E) + l + 1)S \right.$$
$$\left. + \{\mu_{xc}(S) - \varepsilon_{xc}(S)\} S^3 \right] \quad (2.33)$$

ここで, $n_l(E)$ は原子球内で軌道角運動量 l に射影した部分状態密度, $R_l(S; E)$ は原子球表面 S における軌道角運動量 l に対する動径関数, $V(S)$, $\mu_{xc}(S)$, $\varepsilon_{xc}(S)$ は, 原子球表面 S におけるそれぞれ, ポテンシャル値, 交換相関ポテンシャル値, 交換相関エネルギー値である. また, $D_l(E)$ は動径関数の (無次元) 対数微分で, 次式により定義される.

$$D_l(E) = S \left. \frac{dR_l(r; E)/dr}{R_l(r; E)} \right|_{r=S} \quad (2.34)$$

この表式で重要な点は, ヴィリアルが軌道角運動量成分に分解されて表現されていること, また, それぞれの成分が原子球表面 S で定義される諸量の Fermi 準位までのエネルギー積分で与えられる点である. これにより, 凝集のそれぞれの軌道角運動量成分の寄与の違いや d 電子数 (Fermi 準位) 依存性を詳細に調べることが可能となった.

この Pettifor による軌道角運動量成分で表現されたヴィリアルの表式が, Williams らによる遷移金属の凝集機構の解明[16]に活かされた. 以下に, それを解説しよう.

2.6.2 Williams による凝集機構の解析

ヴィリアル $3pV$ を体積や格子定数の関数として扱う代わりにその対数の関数として考えるといくつかの物理的な量と直接に結びつく. 簡単のため fcc 構造や bcc 構造に代表される立方晶系を対象とし, まず, 格子定数 a の対数を定義する.

$$x = \ln \frac{a}{a_0} \quad (2.35)$$

ここで, a_0 は平衡格子定数である. 単位胞の体積は $V \propto a^3$ であるから, その平衡体積を V_0 として

$$3x = \ln \frac{V}{V_0} \tag{2.36}$$

となり，両辺を体積で微分して

$$3\frac{dx}{dV} = \frac{1}{V} \tag{2.37}$$

を得る．圧力 p は全エネルギー E の体積微分で与えられるから

$$p = -\frac{dE}{dV} = -\frac{dE}{dx}\frac{dx}{dV} = -\frac{dE}{dx}\frac{1}{3V} \tag{2.38}$$

と書けるので，結局，ヴィリアル $3pV$ は

$$3pV = -\frac{dE}{dx} \tag{2.39}$$

となる．この両辺を $x = 0$ ($a = a_0$) から $x = \infty$ ($a = \infty$) まで積分し，$E(x=\infty)$ が原子のエネルギーに対応することから

$$\int_0^\infty dx\, 3pV = -\int_0^\infty dx\, \frac{dE}{dx} = E(x=0) - E(x=\infty) = -E_\mathrm{C} \tag{2.40}$$

のように凝集エネルギーの負符号に等しくなることが分かる．

また，全エネルギーの体積に関する 2 階微分に関して，x の関数として式変形を進めると

$$B = V\frac{d^2E}{dV^2} = -V\frac{dp}{dV} = p + \frac{1}{9V}\frac{d}{dx}\left(\frac{dE}{dx}\right) = p - \frac{1}{9V}\frac{d(3pV)}{dx} \tag{2.41}$$

を得る．この B は，平衡格子定数 $x = 0$ ($p = 0$) において体積弾性率 B_0 を与える．

$$B_0 = -\frac{1}{9V_0}\frac{d(3pV)}{dx}\bigg|_0 \tag{2.42}$$

すなわち，ヴィリアルを x の関数として見たとき，$x = 0$ での傾きの絶対値が体積弾性率に対応することになる．

図 2.13 に，Williams らによりカリウム K に対して計算された x の関数としてのヴィリアル $3pV$ の模式図を示す．灰色に描かれたヴィリアル $3pV$ と x 軸に囲まれた領域の面積が凝集エネルギーに対応する．つまり，ヴィリアルを x の関数として表すことで凝集エネルギーの大きさがひと目ですぐに分かる．ま

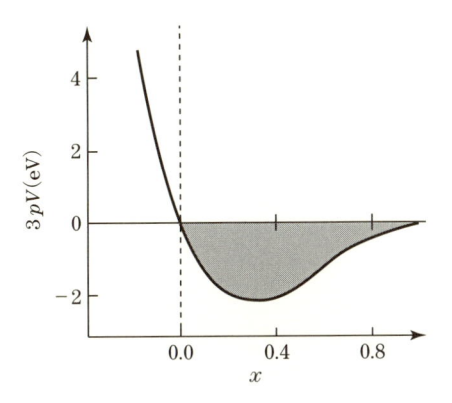

図2.13 $x = \ln(a/a_0)$ の関数として K に対して計算されたヴィリアル $3pV$. 灰色部分の面積が凝集エネルギー E_C に対応し, $x = 0$ での傾きの絶対値が体積弾性率 B_0 と平衡体積 V_0 の積の 9 倍を与える.

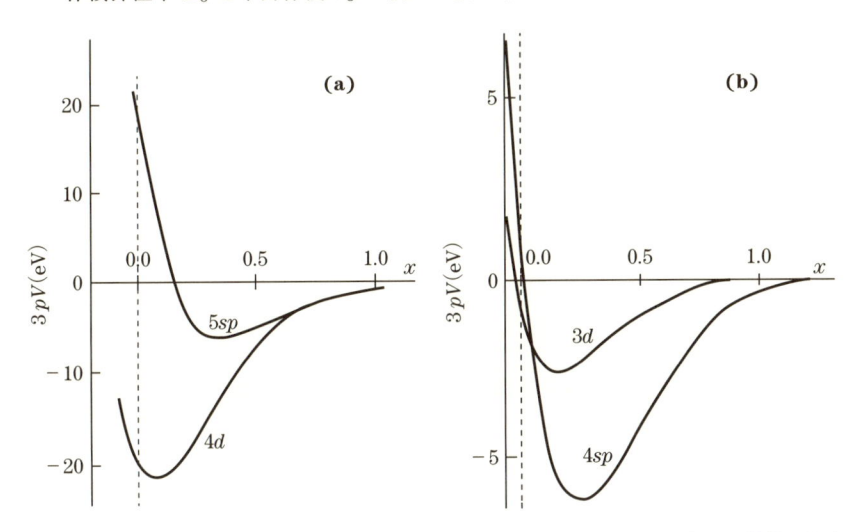

図2.14 $x = \ln(a/a_0)$ の関数としてのヴィリアル $3pV$. (a) Mo に対して計算された $4d$ と $5sp$ の成分, (b) Cu に対して計算された $3d$ と $4sp$ の成分.

た, (2.42) より, $x = 0$ での傾きの絶対値が $9B_0V_0$ を与える. 一般に, x の関数としての $3pV$ は素直な関数であると期待されるから, $x = 0$ での傾きが大きな場合には灰色の領域の面積も大きくならざるを得ず, 堅い物質は結合も強い (凝集エネルギーも大きい) という我々が経験的に持っている直感を要領よく説

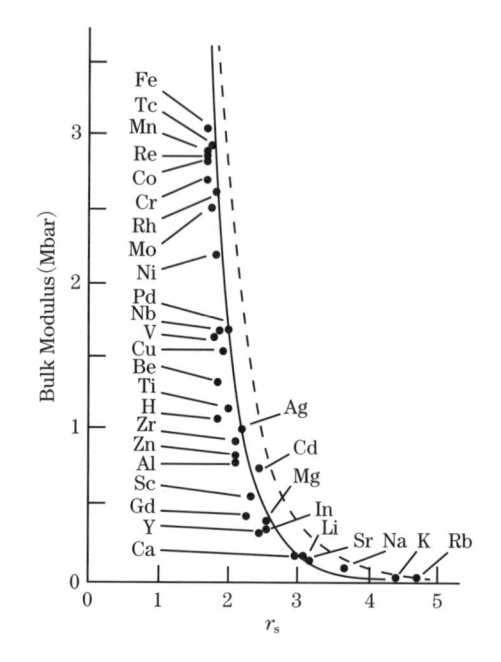

図2.15 格子間位置での電子密度 n_i から見積もられた電子の有効半径 r_s の関数として描かれた種々の単一元素金属の体積弾性率の計算値．実線は一様電子ガスに対して得られた体積弾性率，破線は一様電子ガスで運動エネルギーだけから評価された体積弾性率．

明することになる．

Williams らはさらに，遷移金属に対するヴィリアルを軌道角運動量の成分にわけて解析した．図 2.14 に Mo と Cu に対して計算されたヴィリアルを示す．それぞれ，d と sp の軌道角運動量成分に分解されている．まず，図 2.14 において Mo と Cu を比較して，凝集エネルギーのスケールが 4 倍程度違うことに気がつく．また，凝集エネルギーへの軌道角運動量の成分寄与を見ると，Mo では $4d$ が支配的である一方で，Cu では $4sp$ が主役となっている．(2.40) に示した，ヴィリアル $3pV$ の $x=0$ から $x=\infty$ までの積分が凝集エネルギーを与えることを思い出そう．しかしながら，平衡格子定数位置においては，Mo，Cu 共に $p_d(x=0) < 0,\ p_{sp}(x=0) > 0$ である．これは，平衡位置において，d 電子はさらに系の体積を縮めて結合を強めようとしている引力と sp 電子によりそれを

拒んでいる斥力が釣り合っていることを意味する．通常 Cu では 3d 状態は完全に占められていると考えられており，実際，凝集エネルギーはその多くを 4sp 電子からの寄与となっているが，3d 電子は結合に少なからずや参加し，平衡位置ではそれをさらに強めることにはたらいているのである．したがって，平衡位置では Mo においても Cu においても d 電子はさらに系の体積を縮めて結合を強めようとしている引力と sp 電子によりそれを拒んでいる斥力が釣り合っているのである．このため，平衡位置でのヴィリアルの傾きは sp 電子の寄与が支配的である．つまり，(2.42) より，遷移金属での体積弾性率は sp 電子が決めていることになる．また，2.1 節において説明されたように，平衡位置近傍でのヴィリアルの急な傾きは運動エネルギーを主因とするものであり，d 電子により押された格子間位置に分布する sp 電子によりもたらされたものなのである．

以上の議論を確認するために，Williams らは計算された体積弾性率を格子間位置での電子密度 n_i から見積もった電子の有効半径 $r_\mathrm{s} = (3/4\pi n_i)^{1/3}$ の関数として考察した[*6]．図 2.15 に格子間位置での電子密度 n_i から得られた電子の有効半径 r_s の関数として計算された体積弾性率を示す．図 2.15 より，確かに体積弾性率は電子の有効半径 r_s によりユニバーサルに決まっていることが読み取れる．また，その振る舞いは r_s の関数としての一様電子ガスの体積弾性率のそれと一致し，運動エネルギーの寄与が支配的である．

[*6] 一様電子ガスの理論では電子一つあたりが占める体積を球としたときの半径で種々の物理現象を議論することが多い．

第3章
遷移金属の磁性

> "Permanent magnets (materials that can be magnetized by an external magnetic field and remain magnetized after the external field is removed) are either ferromagnetic or ferrimagnetic, as are other materials that are noticeably attracted to them. Only a few substances are ferromagnetic; the common ones are iron, nickel, cobalt and their alloys, some compounds of rare earth metals, and a few naturally-occurring minerals such as lodestone."
> Wikipedia[*1]

　遷移金属における物性の基本的で最も重要な実験的事実の一つは，単一元素の物質で数少ない強磁性体となる物質のうち，遷移金属の Fe, Co, Ni がそのカテゴリーに含まれることである[*2]．そもそも強磁性の英語名である ferromagnetism は，鉄のラテン語名で元素名の由来となっている ferum からとられた"鉄の磁性"という意味である．この章では，まず，遷移金属における磁性に関する実験事実を概観し，最終的な目標をこれらの磁性の微視的起源の理解におくことにするが，磁性に関連するいくつかの基礎的事項についても概説しよう．

3.1　磁性に関する実験事実

　遷移金属に見られる常圧における磁性はほとんど常磁性（paramagnetism）である．その例外が，$3d$ 遷移金属に所属する Cr, Mn, Fe, Co, Ni である．
　Cr は bcc 構造をもつ Néel 温度 311 K の反強磁性体で，その磁気秩序は共線

[*1] http://en.wikipedia.org/wiki/Ferromagnetism
[*2] 単一元素からなる強磁性体は 4 種のみであり，残りは希土類元素金属の Gd である．

状的（collinear）で磁気モーメントの振幅が正弦波（sinusoidal）的に変調をもつスピン密度波（spin density wave）である．Mnはそもそも温度に依存して種々の結晶構造をとる．1015 K以下のαMnは単位胞あたり58個の原子を含む複雑な結晶構造であり，個々のMnは磁気モーメントをもつが巨視的には自発磁化をもたない反強磁性体と考えられている．1015–1368 Kの範囲のβ相は単位胞に20個のMn原子を含み常磁性である．1368–1407 KのγMnは単純なfcc構造をもつ反強磁性体であるが，その磁気構造が第1種であるため正方晶の歪みを有している．δMnは1407 Kより融点の1518 Kまで安定でbcc構造をとり常磁性体である．

すでに述べたように，Fe, Co, Niは強磁性体であり，Curie温度はそれぞれ，1043 K, 1388 K, 623 Kである．ちなみに，Feには，1184 K以下でのferrite（α）相（bcc構造），1184–1665 Kで安定なaustenite（γ）相（fcc構造），1665–1809 K（融点）でのδ ferrite（bcc構造）相がある．Coは，常温でhcp構造であり722 Kでfcc構造に転移し融点は1768 Kである．Niは融点の1728 Kまでfcc構造をとる．ここで構造に関するデータを一緒に載せたのは，前章で議論したように構造の安定性と磁性はたいへん深く関わっているからである．

3.2 種々の磁気秩序

磁性とは，磁場に対する応答に関して物質が固有に有する性質である．外部磁場Hに対する巨視的な磁化（magnetization）Mとして観測され

$$M = \chi H \tag{3.1}$$

と表したとき，その係数χを帯磁率と呼ぶ．この磁場Hの関数として描かれた磁化Mは磁化曲線もしくはM–H曲線と言われる．図3.1(a)の磁化曲線に示すように，外部磁場に比例して磁場を強める（$\chi > 0$）ように磁化が発生するとき常磁性と呼ばれる[*3]．一方，磁場を弱めるように磁化が生じる（$\chi < 0$）場合に

[*3] 多くの金属合金では帯磁率χの温度依存性は小さく，特にPauli常磁性と呼ばれる．

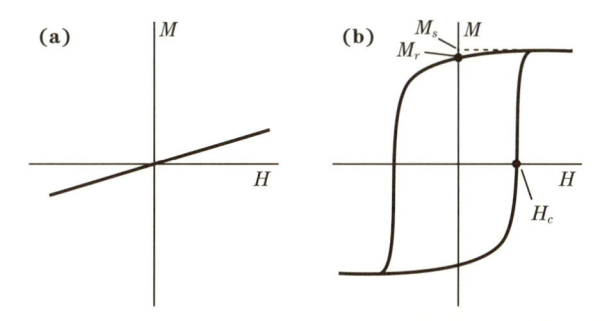

図 3.1 外部磁場 H に対する磁化 M の変化（磁化曲線）．(a) Pauli 常磁性の場合，M は H に比例し磁場を強めるように生じる．(b) 強磁性の場合，H のない場合にも自発的な磁化（残留磁化 M_r）が存在する．強磁場下で磁化は一定値（飽和磁化 M_s）に近づき，磁化反転を示す磁場を保磁力 H_c という．

は反磁性（diamagnetism）と呼ばれる．次節に示すように，反磁性の場合，帯磁率の大きさ $|\chi|$ はたいへん小さい．このため，反磁性の英語名の diamagnetism とは本来磁場に対して透明という意味である（下のミニコラム参照）．

図 3.1(b) に強磁性の場合の磁化曲線を示す．強磁性での特徴は，磁場のない場合にも自発的に磁化が存在することであり，磁場の印加により磁化を反転さ

ミニコラム：秩序に対する日本語と英語の名称

強磁性の名称は，元々は磁石となる"強い"磁化をもつことから付けられたに違いない．これは，本文で述べた英語名称の ferromagnetism が"鉄の磁性"に由来するのと異なっている．その後，強磁性は磁気モーメントが結晶の周期性と同じ**強的な秩序**をもつという意味で使われるようになった．したがって，磁気モーメントは小さいが強的な磁気秩序の場合を"弱い強磁性（weak ferromagnetism）"と言わざるを得ない事情となった．強磁性にならって，強的な電気双極子秩序を有する誘電体は強誘電体と呼ばれている．

常磁性は普通の磁性を指すが，paramagnetism は磁場に比例した paralell の磁化を意味する．また，反磁性は磁場に反対の磁化を呈することに基づいているが，diamagnetism は磁気的に透明（無応答）という意味である．

せることができる．$H = 0$ での自発的な磁化を残留（remanent）磁化，強磁場極限での磁化を飽和（saturation）磁化，また，磁化反転に必要な磁場を保磁力（coercivity）と呼ぶ．強磁性体は残留磁化と磁化反転により記憶素子として利用され，現代のコンピュータにおける磁気ディスクの基本的機構となっている．また，強磁性体は永久磁石として，モーターなどに広く応用されている．

3.3 磁気モーメント

この節では，電子系と磁場との相互作用を書き下すことで磁気モーメントを導く．磁束密度（magnetic flux density）$\boldsymbol{B}$ はベクトルポテンシャル $\boldsymbol{A}$ により

$$\boldsymbol{B} = \nabla \times \boldsymbol{A} \tag{3.2}$$

と与えられる．有効ポテンシャル $V(\boldsymbol{r})$ 中の一電子系にベクトルポテンシャル $\boldsymbol{A}$ が加わった場合の（非相対論的な）ハミルトニアンは（cgs 単位系を用いて）

$$\mathcal{H} = \frac{1}{2m}\left(\boldsymbol{p} + \frac{e}{c}\boldsymbol{A}\right)^2 + V(\boldsymbol{r}) \tag{3.3}$$

と書ける．ここで，$e(>0)$ は単位電荷，c は光速，m は電子質量，$\boldsymbol{p}$ は電子の運動量演算子である．今，z 方向に磁束密度の大きさ B の一様磁場

$$\boldsymbol{B} = (0, 0, B) \tag{3.4}$$

が加えられているとき，対応するベクトルポテンシャルはゲージを適当に選んで

$$\boldsymbol{A} = \frac{B}{2}(-y, x, 0) \tag{3.5}$$

とすることができる（練習問題として，(3.5) のベクトルポテンシャル $\boldsymbol{A}$ を (3.2) に代入して，(3.4) の一様磁場 $\boldsymbol{B}$ が得られることを確認しよう）．このとき，運動量演算子とベクトルポテンシャルの内積，およびベクトルポテンシャルの自乗は

$$\boldsymbol{p} \cdot \boldsymbol{A} = \boldsymbol{A} \cdot \boldsymbol{p} = \frac{B}{2}\left(x\frac{\partial}{\partial y} - y\frac{\partial}{\partial x}\right) = \frac{B}{2}l_z \tag{3.6}$$

3.3 磁気モーメント

$$A^2 = \frac{B^2}{4}(x^2 + y^2) \tag{3.7}$$

となるから，ハミルトニアン (3.3) は

$$\mathcal{H} = \frac{\bm{p}^2}{2m} + V(\bm{r}) + \frac{e\hbar}{2mc}\frac{l_z}{\hbar}B + \frac{e^2}{8mc^2}(x^2+y^2)B^2 \tag{3.8}$$

と書き換えられる．ここで，l_z は軌道角運動量 $\bm{l} = \bm{r} \times \bm{p}$ の z 成分であり，ハミルトニアン (3.8) の第 3 項（$\mathcal{H}_Z$ と置く）は軌道角運動量と磁場との相互作用を表し，軌道角運動量に依存した磁場による準位の分裂，いわゆる Zeeman 効果に導く．$\mathcal{H}_Z$ 項における前因子係数は Bohr 磁子（magneton）$\mu_B = e\hbar/2mc$ と呼ばれ，0.9273×10^{-20} erg/gauss 程度の量である．磁気モーメント $\bm{\mu}$ は，一般に磁場によるエネルギー項を

$$E = -\bm{\mu} \cdot \bm{B} \tag{3.9}$$

と書くことにより定義され，Zeeman 効果のエネルギー $\mathcal{H}_Z$ より軌道磁気モーメント $\bm{\mu}_{\text{orbital}}$ は

$$\bm{\mu}_{\text{orbital}} = -\mu_B \frac{\bm{l}}{\hbar} \tag{3.10}$$

となり，結局，Zeeman 効果は次のように書けることになる．

$$\mathcal{H}_Z = -\bm{\mu}_{\text{orbital}} \cdot \bm{B} \tag{3.11}$$

一方，相対論的な Dirac 方程式よりスタートした場合，すでに述べた軌道角運動量と磁場との相互作用項に加えて，スピン角運動量 $\bm{s}$ と磁場との相互作用が（正常）Zeeman 項 $\mathcal{H}_Z$ と類似な形で現れ，異常 Zeeman 項 $\mathcal{H}_{\text{AZ}}$ を与える．

$$\mathcal{H}_{\text{AZ}} = -\bm{\mu}_{\text{spin}} \cdot \bm{B} \tag{3.12}$$

このとき，スピン磁気モーメントは次式で与えられる．

$$\bm{\mu}_{\text{spin}} = -g\mu_B \frac{\bm{s}}{\hbar} \tag{3.13}$$

ここで，$g = 2.002319$ は g 因子と呼ばれる．

上記の (3.10) や (3.13) では，角運動量とそれに起因する磁気モーメントが反対向きに定義されている．この負符号はしばしば混乱を生む．以下の議論では，その符号を正として角運動量の向きを定義替えすることにする．このように定義することによって，角運動量の z 成分の期待値が正である状態が正の磁気モーメントを生じると素直に考えればよいことになる．

ハミルトニアン (3.8) の第 4 項 ($\mathcal{H}_\mathrm{D}$) は反磁性項である．$\mathcal{H}_\mathrm{D}$ における前因子に $1/c^2$ が含まれるため，Zeeman 項より桁違いに小さくなる．したがって，Zeeman 項が効かない，すなわち軌道角運動量やスピン角運動量の期待値が無視できる閉殻電子構造の場合に観測される．反磁性項は，磁場垂直方向の波動関数の分散（拡がり方）に比例し，前因子係数が正であるため磁場によりエネルギーを損する．これが原因となって，外部磁場を打ち消すように磁化を生じさせ磁束密度を少なくするようにはたらく反磁性効果をもたらすのである．

3.4 軌道角運動量の消失

遷移金属は bcc や fcc の立方晶構造，もしくは hcp の六方晶構造をとる．また，第 1 章で述べたように，d 軌道は強い局在性を有しながらも結晶場や軌道混成など周辺の環境から大きな影響を受ける（仮想束縛状態）．この特徴は希土類元素に見られる局在性のきわめて強い $4f$ 軌道とは対比的である．さらに，スピン軌道相互作用も遷移元素では比較的小さい．

これらの事実から，遷移金属における d 状態は立方晶や六方晶の既約表現の基底である実関数の立方調和関数（付録 C 参照）や六方調和関数でよく表されることになる．立方調和関数や六方調和関数は $\pm m$ の状態が同じ大きさの係数で線形結合をとって実数の関数となっていることに注意しよう．このとき，純虚数の軌道角運動量演算子 l_z の期待値は消失し，現実には小さなスピン軌道相互作用の存在により軌道磁気モーメントはわずかに復活するに過ぎない．したがって，遷移金属の場合には，磁性はスピン角運動量が支配的に決めていると言ってよい．実際，強磁性の Fe, Co, Ni ではスピン磁気モーメントは $1\mu_\mathrm{B}$ のオーダーであるが，軌道磁気モーメントは一桁小さい高々 $0.1\mu_\mathrm{B}$ の程度の量で

ある．このことから，本章ではもっぱらスピン磁気モーメントに起因する磁性を議論の対象とする．

しかしながら，薄膜系や表面・界面系のように対称性や次元性が低くなった場合や化合物をつくった場合にはこの限りでなく，d電子の軌道磁気モーメントがスピン磁気モーメントに匹敵することもある．例えば，反強磁性絶縁体のFeOは$1\mu_B$を越える軌道磁気モーメントをもっていることが知られている．

3.5 Pauli常磁性

ここでは，磁束密度Bの一様磁場がz方向に加えられた場合のスピン状態に依存した異常Zeeman効果（以下では単にZeeman効果と呼ぶ）を考える．スピン角運動量$s_z = \pm 1/2$の一電子状態に対して，Zeeman項$\mathcal{H}_{AZ}$の期待値は

$$\langle s_z = \pm 1/2 | \mathcal{H}_{AZ} | s_z = \pm 1/2 \rangle = \mp \mu_B B \tag{3.14}$$

となる．ここで，$g = 2$とした．

スピン軌道相互作用が無視できる場合は，固有状態はs_zに対して対角的であり，スピンs_zの固有値$\pm 1/2$はよい量子数となる．これからは，それぞれのスピン状態を上向きスピン状態（$s_z = +1/2$），下向きスピン状態（$s_z = -1/2$）と呼ぶことにする．ここで，磁場のない場合にスピン分極をもたない図3.2(a)

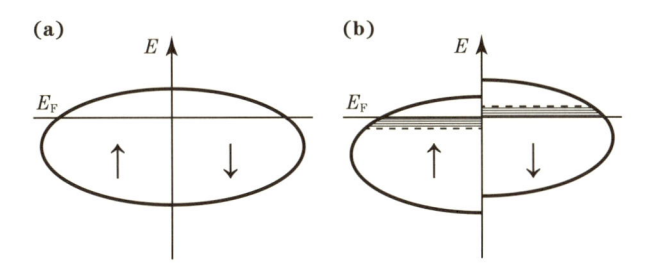

図3.2 Pauli常磁性に対するd状態密度．(a) 磁場のない場合．上向き・下向きスピンのバンドは同じ状態密度をもつ．(b) z方向に一様磁場のかかった場合．上向き・下向きスピンのバンドはZeeman分裂を起こし，電子占有数のバランスが崩れスピン磁気モーメントに導く．横線部分の面積はZeeman分裂により変化した電子数を表す．

の d 状態密度をもつ金属系を考える．これに対し磁場がかかると，d 状態密度は図 3.2(b) のように (3.14) に従って Zeeman 分裂（$\Delta E = \mu_B B$）を起こす．磁場のないときの Fermi 準位でのスピンあたり，原子あたりの状態密度を $D(E_F)$ と置くと，磁場が小さいとき上向き・下向きスピンバンドの電子数は

$$\Delta n = D(E_F)\Delta E = D(E_F)\mu_B B \tag{3.15}$$

だけ増減するので，磁場により生じる原子あたりのスピン磁気モーメントは

$$m_{\rm spin} = 2\mu_B \Delta n = 2\mu_B^2 D(E_F)B = 2\chi_{\rm Pauli}\mu_B^2 B \tag{3.16}$$

となる．ここで，Pauli スピン帯磁率 $\chi_{\rm Pauli}$ を定義した．このとき，$\chi_{\rm Pauli} = D(E_F)$ を得て，金属におけるスピン常磁性帯磁率は Fermi 準位での状態密度となる．つまり，Fermi 準位での状態密度の高い金属系がより強い常磁性応答を示すことになる．結局，金属系（$D(E_F) \neq 0$）の場合にはスピンに依存したバンドの Zeeman 分裂によって図 3.1(a) に示すような磁場に線形な磁化曲線がごく一般的に得られることになる．

3.6 常磁性状態の不安定化

3.6.1 Stoner 模型

常磁性を示す遷移金属において，実験的に観測される常磁性帯磁率はバンド計算から見積もられるスピン帯磁率（Fermi 準位での状態密度）より大きくなっている場合が多い．これは，以下に述べるように電子間相互作用によるスピン帯磁率の増大効果として理解され，この考え方から常磁性状態の不安定化すなわち自発的な磁気モーメントの存在が導かれる．本節では，結晶の周期性の範囲での強的な磁気秩序を考察するので，強磁性への不安定化を議論することになる．

d 電子系に対して，次のモデルハミルトニアン（Hubbard 模型）を考察する．

$$\mathcal{H} = E_d \sum_{i\sigma} n_{i\sigma} + \sum_{ij\sigma} t_{ij} c_{i\sigma}^\dagger c_{j\sigma} + U \sum_i n_{i\uparrow} n_{i\downarrow} \tag{3.17}$$

E_d は d 軌道のエネルギー準位，t_{ij} はサイト ij 間の飛び移り積分，U はサイ

3.6 常磁性状態の不安定化

内での電子間 Coulomb 相互作用を表す．また，$c_{i\sigma}^{\dagger}$ はサイト i でのスピン σ の生成演算子，$n_{i\sigma} = c_{i\sigma}^{\dagger} c_{i\sigma}$ は対応する d 電子数演算子である．ここで，d 電子数演算子 $n_{i\sigma}$ を平均値とそれからの変化にわける．

$$n_{i\sigma} = \langle n_{i\sigma} \rangle + \delta n_{i\sigma} \tag{3.18}$$

これを，電子間 Coulomb 相互作用に代入し，$\delta n_{i\sigma}$ の 2 次項を無視すると

$$\begin{aligned} Un_{i\uparrow}n_{i\downarrow} &= U\left(\langle n_{i\uparrow}\rangle + \delta n_{i\uparrow}\right)\left(\langle n_{i\downarrow}\rangle + \delta n_{i\downarrow}\right) \\ &= U\left(\langle n_{i\uparrow}\rangle\langle n_{i\downarrow}\rangle + \langle n_{i\uparrow}\rangle\delta n_{i\uparrow} + \delta n_{i\uparrow}\langle n_{i\downarrow}\rangle + \delta n_{i\uparrow}\delta n_{i\downarrow}\right) \\ &\approx U\left(\langle n_{i\uparrow}\rangle\langle n_{i\downarrow}\rangle + \langle n_{i\uparrow}\rangle\delta n_{i\uparrow} + \delta n_{i\uparrow}\langle n_{i\downarrow}\rangle\right) \\ &= U\sum_{\sigma}\langle n_{i-\sigma}\rangle n_{i\sigma} - U\langle n_{i\uparrow}\rangle\langle n_{i\downarrow}\rangle \end{aligned} \tag{3.19}$$

と書き換えられる．右辺第 2 項は定数であることに注意しよう．この近似は，数演算子の積 $n_{i\uparrow}n_{i\downarrow}$ に対して，一方の数演算子を平均値で置き換えたもので，相互作用に関する分子場近似（Hartree-Fock 近似）に対応する．(3.17) にこの近似を用いると，定数項を除いて

$$\mathcal{H} = \sum_{i\sigma}\bar{E}_{d\sigma}n_{i\sigma} + \sum_{ij\sigma}t_{ij}c_{i\sigma}^{\dagger}c_{j\sigma} \tag{3.20}$$

$$\bar{E}_{d\sigma} = E_d + U\langle n_{i-\sigma}\rangle \tag{3.21}$$

となり，一体問題に帰着する．このハミルトニアンに磁場による Zeeman 項を加えて，前節における Pauli 常磁性と同様の議論を展開する．(3.15) に対応して，上向き・下向きスピンバンドの電子数の増減は

$$\Delta n = D(E_{\rm F})\left(\mu_{\rm B}B + U\Delta n\right) \tag{3.22}$$

となるので，Δn について解いて

$$\Delta n = \frac{D(E_{\rm F})\mu_{\rm B}B}{1 - UD(E_{\rm F})} \tag{3.23}$$

を得，スピン磁気モーメントは

$$m_{\text{spin}} = 2\mu_{\text{B}}^2 \Delta n = \frac{2D(E_{\text{F}})\mu_{\text{B}}^2 B}{1 - UD(E_{\text{F}})} = 2\mu_{\text{B}}^2 \chi_{\text{spin}} B \tag{3.24}$$

$$\chi_{\text{spin}} = \frac{D(E_{\text{F}})}{1 - UD(E_{\text{F}})} \tag{3.25}$$

となり，スピン帯磁率 χ_{spin} は U のないときに比べて因子 $(1 - UD(E_{\text{F}}))^{-1}$ だけ増大することになる．

(3.24) および (3.25) において，Coulomb 相互作用パラメータと Fermi 準位での状態密度の積 $UD(E_{\text{F}})$ が無視できない場合に常磁性の増大が期待されるが，その積が大きくなるとついには $UD(E_{\text{F}}) = 1$ になったところで自発的にスピン磁気モーメントが発生する．これが常磁性状態の強磁性相への不安定化であり，強磁性発生に対する Stoner 条件である．

この Stoner 条件は，スピン分極によるバンドエネルギー（運動エネルギー）の増加と Coulomb 相互作用エネルギーの得分が釣り合う点としても理解できる．ここでは，(3.17) に対する Hartree-Fock 近似の範囲での全エネルギーが

$$E = \sum_{n,\boldsymbol{k}} \varepsilon_{n,\boldsymbol{k}} + U\langle n_{i\uparrow}\rangle\langle n_{i\downarrow}\rangle = E_{\text{band}} + E_{\text{Coulomb}} \tag{3.26}$$

と書けることを用いる．上向き・下向きスピンバンドにおける電子数の増減 Δn によるバンドエネルギーの変化 ΔE_{band} は，Δn 個の電子が下向きスピンバンドから ΔE だけエネルギー的に高い上向きスピンバンドに移動したと見なすことから見積もることができて，$\Delta n = D(E_{\text{F}})\Delta E$ を用いると

$$\Delta E_{\text{band}} = \Delta n \Delta E = D(E_{\text{F}})(\Delta E)^2 \tag{3.27}$$

となる．一方，Coulomb 相互作用によるエネルギー変化は，原子あたりの d 電子数を n と置いて

$$\begin{aligned}\Delta E_{\text{Coulomb}} &= U\left(\frac{1}{2}n + \Delta n\right)\left(\frac{1}{2}n - \Delta n\right) - U\left(\frac{1}{2}n\right)^2 \\ &= -U(\Delta n)^2 = -U(D(E_{\text{F}})\Delta E)^2\end{aligned} \tag{3.28}$$

を得るので，全エネルギーの損得は

$$\Delta E = \Delta E_{\text{band}} + \Delta E_{\text{Coulomb}} = [1 - UD(E_{\text{F}})] D(E_{\text{F}})(\Delta E)^2 \quad (3.29)$$

となり，$UD(E_{\text{F}}) = 1$ が常磁性不安定化である Stoner 条件を与え，$UD(E_{\text{F}}) > 1$ のとき，強磁性状態のエネルギーが安定となる．

上で述べたように，強磁性発現に重要な点は，Fermi 準位での状態密度と電子間相互作用の両方が大きいことが必要なことである．これが，実際，$3d$ 遷移金属の限られた元素においてのみ強磁性が発現する理由である．

3.6.2 Janak による Stoner 条件の解析

Janak は密度汎関数法の局所スピン密度近似の範囲でいくつかの金属に対する Fermi 準位での状態密度と有効 Coulomb 相互作用を見積もった[17]．図 3.3 にその結果を示す*4．Janak における状態密度は両スピンの寄与を含み上での議論での状態密度の倍となっており，交換相関パラメータについては状態密度の単位の違いに合わせて半分の値となっていることに注意しよう．また，hcp 構造の金属系に対しては fcc もしくは bcc 構造が仮定されている．

まず，Fermi 準位の状態密度に関して，$3d$ および $4d$ 遷移金属において大きな値をとることを見ることができる．これはもちろん，Fermi 準位周りにおけるバンド幅の狭い d バンドの存在に起因するものである．特に，Fe, Co, Ni に対して大きいことが分かる（図 3.3 では Co に対して bcc 構造が仮定されており，hcp 構造 Co では Fermi 準位の状態密度はさらに高い）．

一方，交換相関パラメータ（Stoner での電子間相互作用パラメータ U）に関して，原子番号 Z の関数として，大きく見るとおおよそ単純減少関数となっている．しかしながら，$3d$ 遷移金属系列の中，および $4d$ 遷移金属系列の中では単純増加関数となっている．これは，共に波動関数の局在性に基づく振る舞いである（詳細には，格子定数（原子体積）の変化も関係している）．Z の大きな変

---

*4 Janak はスピン分極によるエネルギーの変化を局所スピン密度近似の範囲で計算したため，Stoner 条件に現れる電子間相互作用エネルギーを交換相関エネルギーとして評価している．このため，Stoner での電子間相互作用パラメータ U に相当する量として交換相関パラメータ I が現れる．

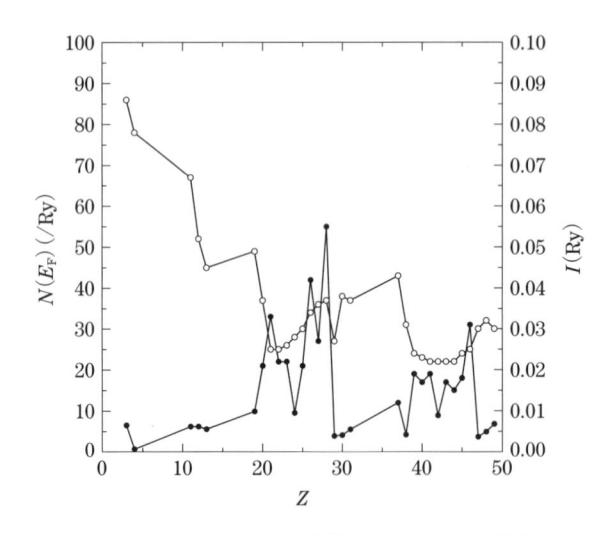

図 3.3 Janak により金属に対して計算された Fermi 準位での状態密度 $N(E_F)(/\text{Ry})$（ドット）と交換相関パラメータ $I(\text{Ry})$（丸印）．Z は原子番号を示す．ここでの状態密度は両スピンの寄与を加えた原子あたりの量であり，有効 Coulomb 相互作用の値は本文での U の半分の値に対応する．hcp 構造の金属に対しては，fcc もしくは bcc 構造が仮定されている．

化に対して，金属系での価電子状態を構成する主たる軌道は，$2s \to 3s \to 3p \to 3d \to 4s \to 4p \to 4d \to 5s$ のように替わり，主量子数 n が大きくなるためその局在性は徐々に弱くなる．一方，同じ軌道（例えば $3d$ 軌道）の範囲では，Z が大きくなるに従い，原子核からの引力ポテンシャルが強まり，その局在性が強まる．

以上の結果として，Stoner 条件を満たすのは $3d$ 遷移金属系列の後半に現れる元素に限られることになる．強磁性を示さない遷移金属であっても Stoner 条件に近いものが多く，増大された常磁性を示すことになる．特に，Janak の計算によると，fcc 構造をもつ Pd に対して $N(E_F)I \sim 0.8$ 程度が得られており，強磁性にたいへん近いことが分かる．強磁性の近くに位置する Pd のさらなる特異性に関して，次節により詳しく解説する．

ミニコラム：1970年代

　70年代はバンド理論とその具体的な物質系への適用においていくつかの重要な研究がなされた年代である．60年代にHohenberg-Kohnによる密度汎関数理論とKohn-Shamによる局所密度近似が出され，その理論と近似の検証に向けていくつもの具体的応用が試みられ始めた．バンド計算を実現する手法の高度化に関する研究として，APW法やKKR法の高効率化を実現した線形法，擬ポテンシャルの第一原理的構築を可能としたノルム保存型擬ポテンシャル法が上げられる．また，前章と本章において紹介されている先駆的適用研究のほとんどが70年代になされたものである．時代を一致して，スーパーコンピュータ*およびパーソナルコンピュータ（当初はマイクロコンピュータと呼ばれていた）の相次ぐ登場が重なる．

---

* パイプライン（ベクトル）方式により当時の汎用機とは桁違いの100MFLOPS (10^8 floating point operations per second) の計算処理能力のコンピュータCray-1がつくられスーパーコンピュータという名前が誕生した．

3.7　一般的な磁気秩序の発現機構

3.7.1　非局所帯磁率

　前節では，一様磁場を加えた場合に起こり得る常磁性状態の不安定化，すなわち強磁性状態の発現条件を議論した．ここでは，より一般的な空間的に変化する磁場が加えられた場合に議論を拡張し，特に，CrやMnで反強磁性的な磁気的結合の現れる要因について考えてみよう．以下では，磁気的結合を理解するために**非局所帯磁率**が導入される．

　空間的に変化する磁場として次のような，各原子位置 $\boldsymbol{R}_\nu$ に依存してその z 成分が変調する交番（staggered）磁場を考える．

$$\boldsymbol{B}_\nu = (0, 0, B\exp(\boldsymbol{Q}\cdot\boldsymbol{R}_\nu)) = (0, 0, B_\nu) \tag{3.30}$$

この磁場により，常磁性状態の上向き・下向きスピンの電子数において，各 $\boldsymbol{R}_\nu$

に依存した局所的な不均衡（スピン分極）が現れたとする．

$$n_\nu^{(\pm)} = \frac{1}{2}n \pm \Delta n_\nu \tag{3.31}$$

ここで，上向き・下向きスピン状態を $(\pm)$ で表した．磁場による Zeeman 分裂および電子数の変化による電子間相互作用ポテンシャルは，前節にならい

$$V_\nu^{(\pm)} = \mp \mu_{\rm B} B_\nu \mp U \Delta n_\nu \tag{3.32}$$

と与えられる．

ここで，各原子位置に対して局在した軌道をスピンあたり一つずつ仮定して $|\nu\pm\rangle$ と置き，その組は完全系をなしているものとする．付録 F に従うと，非摂動系（ここでは磁場のない常磁性状態）の Green 関数を G_0，交番磁場のかかった場合の Green 関数を G として，摂動 V による原子位置 ν での局所状態密度の変化はその 1 次までの範囲で

$$\begin{aligned}\Delta D_\nu^{(\pm)}(\varepsilon) &= -\frac{1}{\pi}\mathcal{I}\langle\nu\pm|G-G_0|\nu\pm\rangle \\ &= -\frac{1}{\pi}\mathcal{I}\langle\nu\pm|G_0 V G_0|\nu\pm\rangle\end{aligned} \tag{3.33}$$

と与えられるから，電子数の変化は状態密度を Fermi 準位まで積分して

$$\begin{aligned}\Delta n_\nu^{(\pm)} &= -\frac{1}{\pi}\sum_{\nu'}\int^{\varepsilon_{\rm F}}d\varepsilon\,\mathcal{I}\left[G_{\nu\nu'}^{(0)}V_{\nu'}^{(\pm)}G_{\nu'\nu}^{(0)}\right] \\ &= -\sum_{\nu'}\chi_{\nu\nu'}V_{\nu'}^{(\pm)}\end{aligned} \tag{3.34}$$

を得る．ここで，非局所帯磁率を次のように定義した．

$$\chi_{\nu\nu'} = \frac{1}{\pi}\int^{\varepsilon_{\rm F}}d\varepsilon\,\mathcal{I}\left[G_{\nu\nu'}^{(0)}G_{\nu'\nu}^{(0)}\right] \tag{3.35}$$

また，非摂動系の Green 関数の行列要素はスピンによらず

$$G_{\nu\nu'}^{(0)} = \langle\nu\pm|G_0|\nu'\pm\rangle \tag{3.36}$$

である．

(3.32) から分かるように，原子位置 ν' に正の磁場が加わった場合に Zeeman 効果により上向きスピン状態には負のポテンシャル変化，下向きスピン状態に

3.7 一般的な磁気秩序の発現機構

は正のポテンシャル変化がもたらされる（この結果，上向きスピン電子数が増え，下向きスピン電子数が減り，この位置（オンサイト）での正の磁気モーメントに導く）．このとき，原子位置 ν' と ν を結ぶ非局所帯磁率 $\chi_{\nu\nu'}$ がもし正であるならば (3.34) より，原子位置 ν における上向きスピン状態の電子数は増え，下向きスピン状態の電子数は減ることになり，正の磁気モーメントが発生することになる．結局，非局所帯磁率 $\chi_{\nu\nu'} > 0$ は原子位置 ν' と ν の間の強磁性的結合に対応する．一方，$\chi_{\nu\nu'} < 0$ は原子位置 ν にその反対の効果を生むので反強磁性的結合を意味することになる（3.3 節において，角運動量と磁気モーメントの向きは同じであるように定義替えしたことに注意しよう）．

さて，電子数の変化の式 (3.34) に摂動 (3.32) を代入すると

$$\Delta n_\nu^{(\pm)} = \pm \sum_{\nu'} \chi_{\nu\nu'} \left(\mu_B B_{\nu'} + U \Delta n_{\nu'}^{(\pm)} \right) \tag{3.37}$$

となり，電子数変化，磁場，非局所帯磁率に対して Fourier 変換

$$\Delta n_\nu^{(\pm)} = \sum_{\bm{Q}} \Delta n^{(\pm)}(\bm{Q}) \exp\left(i\bm{Q} \cdot \bm{R}_\nu\right) \tag{3.38}$$

$$B_\nu = \sum_{\bm{Q}} B(\bm{Q}) \exp\left(i\bm{Q} \cdot \bm{R}_\nu\right) \tag{3.39}$$

$$\chi_{\nu\nu'} = \sum_{\bm{Q}} \chi(\bm{Q}) \exp\left(i\bm{Q} \cdot (\bm{R}_\nu - \bm{R}_{\nu'})\right) \tag{3.40}$$

を用いると，電子数変化に対して解けて

$$\Delta n^{(\pm)}(\bm{Q}) = \pm \frac{\chi(\bm{Q})}{1 - U\chi(\bm{Q})} \mu_B B(\bm{Q}) \tag{3.41}$$

を得るので，スピン磁気モーメントの Fourier 成分として

$$m_{\text{spin}}(\bm{Q}) = \mu_B \left(\Delta n^{(+)}(\bm{Q}) - \Delta n^{(-)}(\bm{Q}) \right) = \frac{2\mu_B^2 \chi(\bm{Q})}{1 - U\chi(\bm{Q})} B(\bm{Q}) \tag{3.42}$$

となる．ここで，分母における

$$1 - U\chi(\bm{Q}) = 0 \tag{3.43}$$

の条件は $m_{\text{spin}}(\boldsymbol{Q})$ の発散,すなわち,波数 $\boldsymbol{Q}$ の磁気秩序への不安定化を与えている.

$\boldsymbol{Q}=0$ は強磁性秩序に対応しているはずである.そこで,以下において $\chi(\boldsymbol{Q}=0)$ を計算する.(3.40) の逆変換から

$$\begin{aligned}\chi(\boldsymbol{Q}=0)&=\sum_{\nu'}\chi_{\nu\nu'}\\&=\frac{1}{\pi}\int^{\varepsilon_{\text{F}}}d\varepsilon\sum_{\nu'}\mathcal{I}\left[G^{(0)}_{\nu\nu'}G^{(0)}_{\nu'\nu}\right]\\&=-\frac{1}{\pi}\mathcal{I}\left[\int^{\varepsilon_{\text{F}}}d\varepsilon\frac{\partial}{\partial\varepsilon}G^{(0)}_{\nu\nu}\right]\\&=-\frac{1}{\pi}\mathcal{I}G^{(0)}_{\nu\nu}(\varepsilon_{\text{F}})=D(\varepsilon_{\text{F}})\end{aligned} \qquad (3.44)$$

を得て,(3.43) は Stoner 条件に一致することになる.この導出において,完全系に対する閉じた関係および Green 関数の微分に関する

$$\frac{\partial G(\varepsilon)}{\partial\varepsilon}=-G^2(\varepsilon) \qquad (3.45)$$

を用いた(付録 F 参照).

$\boldsymbol{Q}\neq 0$ に対して非局所帯磁率を考察する.非局所帯磁率の $\boldsymbol{Q}$ 成分は

$$\chi(\boldsymbol{Q})=\sum_{\nu'}\chi_{\nu\nu'}\exp\left(-i\boldsymbol{Q}\cdot(\boldsymbol{R}_\nu-\boldsymbol{R}_{\nu'})\right) \qquad (3.46)$$

であるが,非局所帯磁率は (3.35) の定義にあるように Green 関数の非対角行列要素の積であり,Green 関数がそもそも距離 $|\boldsymbol{R}_\nu-\boldsymbol{R}_{\nu'}|$ の関数として一般に振動的減衰関数であることに注意して,(3.46) における和を最近接原子までで近似して

$$\chi(\boldsymbol{Q})\approx\chi_{00}+\sum_{\boldsymbol{R}\in\text{N.N.}}\chi_{0\boldsymbol{R}}\exp\left(i\boldsymbol{Q}\cdot\boldsymbol{R}\right) \qquad (3.47)$$

となる.特に,$\boldsymbol{Q}=0$ の強磁性の場合には

$$D(\varepsilon_{\text{F}})=\chi(\boldsymbol{Q}=0)\approx\chi_{00}+\sum_{\boldsymbol{R}\in\text{N.N.}}\chi_{0\boldsymbol{R}} \qquad (3.48)$$

であり,各原子位置に仮定した軌道が s 的な等方的関数の場合には非局所帯磁

3.7 一般的な磁気秩序の発現機構

率は方向によらないので，最近接原子数（配位数）z を用いて

$$D(\varepsilon_\mathrm{F}) = \chi(\boldsymbol{Q}=0) \approx \chi_{00} + z\chi_{0\boldsymbol{R}} \tag{3.49}$$

と書いてもよい．

(3.35) より，非局所帯磁率は Fermi 準位の関数 $\chi_{\nu\nu'}(\varepsilon_\mathrm{F})$ と見なすことができる．さらに，その Fermi 準位の関数として見た非局所帯磁率に対して，一般に次の総和則の成り立つことが知られている．

$$\int_{-\infty}^{+\infty} d\varepsilon\, \chi_{00}(\varepsilon) = \int_{-\infty}^{+\infty} d\varepsilon\, D(\varepsilon) = \frac{N}{2} \tag{3.50}$$

$$\int_{-\infty}^{+\infty} d\varepsilon\, \chi_{0\boldsymbol{R}}(\varepsilon) = 0, \quad \boldsymbol{R} \neq 0 \tag{3.51}$$

ここで，N はスピンあたりの全状態数である．

さて，(3.48) より，与えられた簡単な状態密度 $D(\varepsilon)$ から非局所帯磁率 $\chi_{0\boldsymbol{R}}$ を求めてみよう．

まず，状態密度 $D(\varepsilon)$ が与えられたとき，Green 関数の対角成分の虚部が分かる．

$$D(\varepsilon) = -\frac{1}{\pi} \mathcal{I} G_{00}^{(0)}(\varepsilon) \tag{3.52}$$

Green 関数の実部と虚部は，応答関数のもつ Kramers-Kronig 関係を満たすので，上記虚部より実部（$\mathcal{R}$）が求められる．

$$\mathcal{R} G_{00}^{(0)}(\varepsilon) = -\frac{1}{\pi} \mathcal{P} \int_{-\infty}^{\infty} d\varepsilon' \frac{\mathcal{I} G_{00}^{(0)}(\varepsilon')}{\varepsilon - \varepsilon'} \tag{3.53}$$

ここで，$\mathcal{P}$ は積分において Caucy の主値をとることを意味する．ひとたび，Green 関数の対角成分の実部と虚部が分かると，非局所帯磁率の対角要素（局所帯磁率）が見積もれることになる．

$$\begin{aligned}\chi_{00}(\varepsilon_\mathrm{F}) &= \frac{1}{\pi} \int^{\varepsilon_\mathrm{F}} d\varepsilon\, \mathcal{I} \left[G_{00}^{(0)}\right]^2 \\ &= \frac{2}{\pi} \int^{\varepsilon_\mathrm{F}} d\varepsilon\, \mathcal{R}\left[G_{00}^{(0)}\right] \mathcal{I}\left[G_{00}^{(0)}\right]\end{aligned} \tag{3.54}$$

ここで，図 3.4 に示すように，バンド幅 $2W$ の矩形状態密度に対して上の手

続きを計算する．上で述べたように，局所帯磁率 $\chi_{00}(\varepsilon_F)$ はエネルギーに関して状態密度 $D(\varepsilon)$ を 2 度にわたって積分した量である．また，総和則 (3.50) を満たす必要がある．したがって，一般的に χ_{00} は $D(\varepsilon)$ の構造をぼかした関数形となる．一方，最近接原子との非局所帯磁率は，近似式 (3.49) より，状態密度と局所帯磁率の差により与えられるので，バンド端においては正値 $\chi_{0R} > 0$ をとり，バンド中央においては負値 $\chi_{0R} < 0$ をとる傾向が生まれる．これらの考察および図 3.4 の計算結果より，一般的に磁気的結合は，Fermi 準位がバンド端に近い場合に強磁性的となり，バンド中央にあるときには反強磁性的になることが結論される．これは，Fe, Co, Ni での強磁性的結合，Cr, Mn での反強磁性的結合の発現を定性的に説明する．

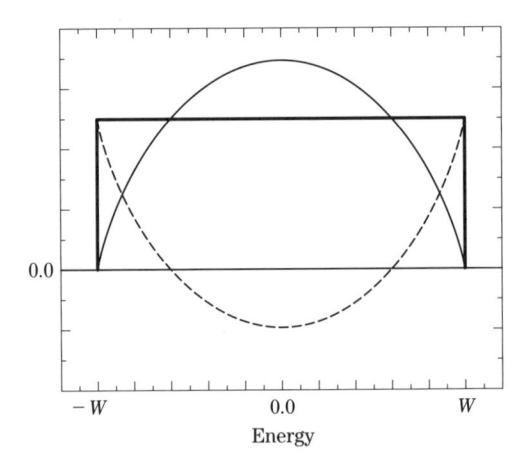

図 3.4 バンド幅 $2W$ の矩形状態密度 $D = \chi(\boldsymbol{Q} = 0)$（太実線）と対応する Fermi 準位の関数としての局所帯磁率 χ_{00}（細実線）．破線は $D - \chi_{00}$ を表し，(3.49) に示す近似式より，最近接間の非局所帯磁率 χ_{0R} の配位数 z 倍を与える．

しかしながら，実際には，状態密度は単純な矩形ではない構造をもつ，また，最近接だけでなく，より遠方も大なり小なり寄与を与える．また，特に d 軌道に関して，非局所帯磁率はどの軌道間の応答であるのかに依存して変化してもよい．次節ではいくつかの遷移金属に対してより正確なバンド構造を用いて非局所帯磁率を計算した例を紹介しよう．

3.7.2 現実的なバンド構造に基づく非局所帯磁率

Terakura らは，より現実的なバンド構造（状態密度）を用いて，いくつかの遷移金属に対して局所・非局所帯磁率の計算を行った[18]．ここでは，五つの d 軌道だけでなく，s, p 軌道も考慮されている．この場合，(3.44) に対応する式として

$$D_d(\varepsilon_\mathrm{F}) = \sum_{\nu L} \chi_{0d,\nu L} \tag{3.55}$$

のように Fermi 準位での部分状態密度 $D_d(\varepsilon_\mathrm{F})$ に対して総和則が成り立っている．

図 3.5 に非磁性 bcc 構造 Fe に対して Fermi 準位の関数として計算された d 軌道に関する局所帯磁率 $\chi_{0d,0d}$，第 7 近接までの非局所帯磁率の和 $\sum_L \sum_{\nu=0}^{7} \eta_\nu \chi_{0d,\nu L}$，および第 3 近接までの非局所帯磁率 $\eta_\nu \chi_{0d,\nu d}$ を示す．図 3.5(a) より，第 7 近接までの範囲で総和則 (3.51) がよく満たされているのが分かる．また，d 軌道に関する局所帯磁率 $\chi_{0d,0d}$ は比較的大きな値をとり，上で

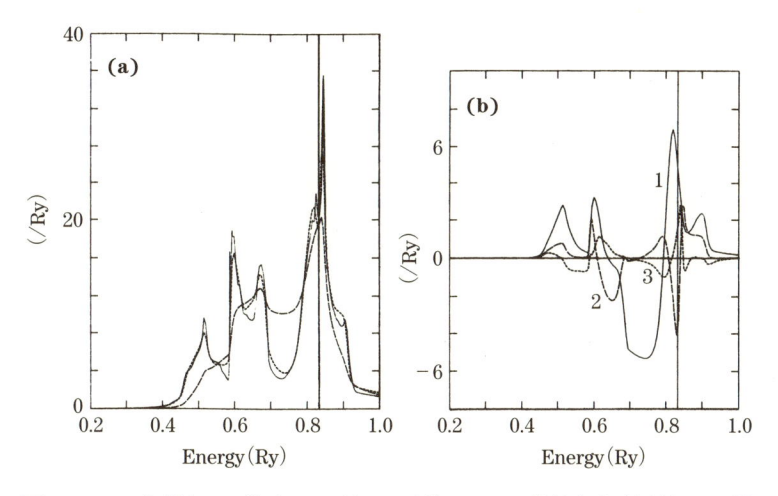

図 3.5 (a) 非磁性 bcc 構造 Fe に対して計算された d 状態密度（実線），局所帯磁率 $\chi_{0d,0d}$（破線），第 7 近接までの非局所帯磁率の和 $\sum_L \sum_{\nu=0}^{7} \eta_\nu \chi_{0d,\nu L}$（点線）．ここで，$\eta_\nu$ は第 ν 近接の原子数．(b) 非磁性 bcc 構造 Fe に対して計算された第 3 近接までの非局所帯磁率 $\eta_\nu \chi_{0d,\nu d}$．0.83 Ry における実線は非磁性 bcc 構造 Fe の Fermi 準位．

議論したように，Fermi 準位近傍での状態密度に見られるピーク構造をぼかした関数となっている．すなわち，状態密度にピークのあるところで $\chi_{0d,0d}$ はゆるやかなピーク構造をつくり，状態密度に谷のあるところで $\chi_{0d,0d}$ はその谷を埋めた構造を見せる．このことより，近接サイト間の非局所帯磁率は一般に，Fermi 準位での状態密度がピークをつくる場合に正（強磁性的）となり，谷をつくる場合には負（反強磁性的）になると結論づけられる．実際には，図 3.5(b) に示すように，最近接間非局所帯磁率 $\chi_{0d,1d}$ は大きく正（強磁性的）であるが，第 2 近接間では負（反強磁性的），第 3 近接間では正（強磁性的）と振動的な振る舞いを見せている．また，$\chi_{0d,1d}$ は Fe の Fermi 準位近傍で大きく正であるが，Fermi 準位が下がる（d 電子数が少なくなる）と Mn あたりで符号を負に変え，Cr の Fermi 準位位置では大きな負値（反強磁性的）をとることになる．実際に Mn では $\chi_{0d,1d} \approx 0$ が実現され，最近接以遠の非局所帯磁率が同程度の大きさで符号を振動的に変えていることからフラストレーションが起こり，複雑な磁気秩序を実現しているものと考えられる．

bcc 構造から fcc 構造になると定性的にいくつかの変化が非局所帯磁率に現れる．図 3.6 に非磁性 fcc 構造 Ni に対して計算された d 軌道に関する局所帯磁率 $\chi_{0d,0d}$，第 7 近接までの非局所帯磁率の和 $\sum_L \sum_{\nu=0}^{7} \eta_\nu \chi_{0d,\nu L}$，および第 3 近接までの非局所帯磁率 $\eta_\nu \chi_{0d,\nu d}$ を示す．まず，局所帯磁率 $\chi_{0d,0d}$ について，状態密度が Fermi 準位近傍にたいへん鋭いピーク構造をもつにもかかわらず，Fe の場合とは異なり $\chi_{0d,0d}$ はそれほど大きな値をとらない．これは，このピーク構造が d バンド上端に位置するためである．この事実は，総和則 (3.55) より非局所帯磁率がいくつもの近接間にわたって正値をとることを要求する．実際，図 3.6(b) に示すように第 3 近接まで $\chi_{0d,\nu d}$ はすべて正（強磁性的）である．

以上の bcc 構造 Fe と fcc 構造 Ni に対する非局所帯磁率の計算から，それぞれの強磁性秩序における性格の違いが見えてくる．上での結果をまとめると，Fe では $\chi_{0d,0d}$ が比較的大きく，最近接間 $\chi_{0d,\nu d}$ も正であるが，それ以遠の $\chi_{0d,\nu d}$ は振動的である．一方，Ni では $\chi_{0d,0d}$ はあまり大きくないが最近接およびそれ以遠の $\chi_{0d,\nu d}$ は広い範囲にわたって正値をとる．すなわち，Fe は自分自身で磁気モーメントを維持しようとし，最近接間相互作用が強磁性的で

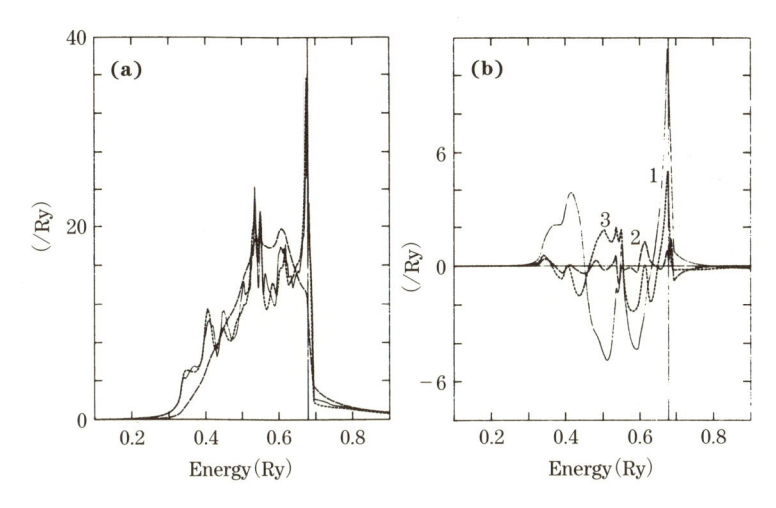

図 3.6 (a) 非磁性 fcc 構造 Ni に対して計算された d 状態密度 (実線), 局所帯磁率 $\chi_{0d,0d}$ (破線), 第 7 近接までの非局所帯磁率の和 $\sum_{L}\sum_{\nu=0}^{7}\eta_{\nu}\chi_{0d,\nu L}$ (点線). ここで, η_{ν} は第 ν 近接の原子数. (b) 非磁性 fcc 構造 Ni に対して計算された第 3 近接までの非局所帯磁率 $\eta_{\nu}\chi_{0d,\nu d}$. 0.68 Ry における実線は非磁性 fcc 構造 Ni の Fermi 準位.

あることから強磁性的秩序が安定化されている. 一方, Ni では自分自身で磁気モーメントを維持する力は弱いが, 近接の多くのサイトより強磁性的に支えられている.

fcc 構造 Pd は, 3.6.1 節で説明したように, Fermi 準位での状態密度と有効 Coulomb 相互作用がわずかに Stoner 条件に足りず強磁性秩序が発現されない. しかしながら, その非局所帯磁率の振る舞いは, 同じ fcc 構造をとり Fermi 準位の位置がほぼ同じ Ni と酷似している. 図 3.7 に非磁性 fcc 構造 Pd に対して計算された非局所帯磁率を示す. 確かに, Pd の局所帯磁率および非局所帯磁率は Ni の場合と定性的に一致している. 特に, 非局所帯磁率が第 3 近接まで正 (強磁性的) であることが分かる (それ以遠も値は小さいが正である). このことは, Pd 中の Fe 不純物や Co 不純物系で観測されている $10\mu_{B}$ 以上もの巨大磁気モーメントの発現[19, 20]を自然に説明する. つまり, 不純物サイトの Fe や Co がそのような巨大磁気モーメントをもっているわけではない. Fe や Co の

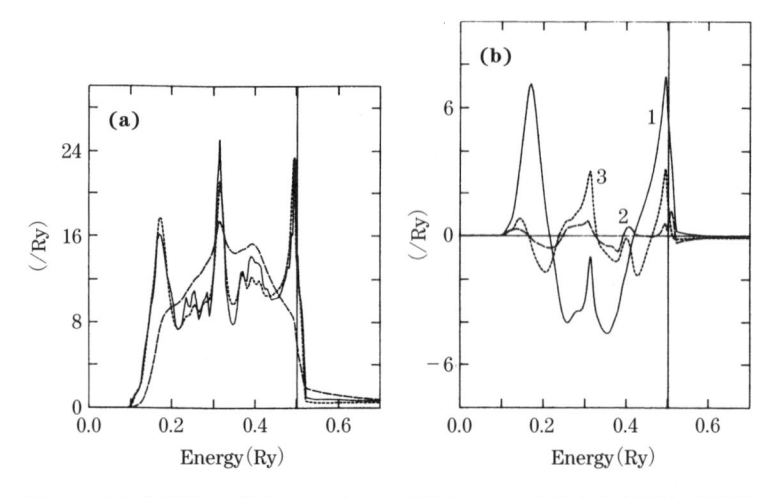

図3.7 (a) 非磁性 fcc 構造 Pd に対して計算された d 状態密度 (実線),局所帯磁率 $\chi_{0d,0d}$ (破線),第 7 近接までの非局所帯磁率の和 $\sum_L \sum_{\nu=0}^{7} \eta_\nu \chi_{0d,\nu L}$ (点線).ここで,η_ν は第 ν 近接の原子数.(b) 非磁性 fcc 構造 Pd に対して計算された第 3 近接までの非局所帯磁率 $\eta_\nu \chi_{0d,\nu d}$.0.50 Ry における実線は非磁性 fcc 構造 Pd の Fermi 準位.

磁気モーメントによって,不純物周りの非常に多くの Pd サイト上に正の非局所帯磁率に従って小さいが強磁性的な磁気モーメントが誘起され,トータルとしては Fe や Co 不純物あたり $10\mu_B$ 以上の磁気モーメントとなるのである.

付録A

Legendre関数

Legendre 関数は，18 世紀の数学者 Legendre が重力ポテンシャルの問題を解く際に考案したものであるが，電磁気学や量子力学の問題に頻繁に現れる．ここでは，付録 B に述べる球面調和関数の準備として，Legendre 関数および Legendre 陪関数のいくつかの関連表現を記す．

A.1 Legendre関数の表現

Legendre 関数 $P_n(x)$ はいくつかの表現がある．

母関数表示

$$g(t,x) = (1 - 2tx + t^2)^{-1/2} = \sum_{n=0}^{\infty} P_n(x) t^n, \quad |t| < 1 \tag{A.1}$$

これを用いると，Coulomb ポテンシャル等に現れる $1/r$ を多項式展開することができる．

$$\frac{1}{|\boldsymbol{r}_1 - \boldsymbol{r}_2|} = \frac{1}{r_>} \sum_{n=0}^{\infty} \left(\frac{r_<}{r_>}\right)^n P_n(\cos\theta) \tag{A.2}$$

ここで，$\boldsymbol{r}_1$ と $\boldsymbol{r}_2$ のうち，$r_>$ はその絶対値の大きい方，$r_<$ は小さい方を表す．また，θ は $\boldsymbol{r}_1$ と $\boldsymbol{r}_2$ のなす角である．

展開表示

$$P_n(x) = \sum_{k=0}^{[n/2]} (-1)^k \frac{(2n-2k)!}{2^n k!(n-k)!(n-2k)!} x^{n-2k} \tag{A.3}$$

$$[n/2] = n/2, n : 偶数; = (n-1)/2, n : 奇数 \tag{A.4}$$

漸化式

$$(2n+1)xP_n(x) = (n+1)P_{n+1}(x) + nP_{n-1}(x), \quad n = 1, 2, 3, \cdots \tag{A.5}$$

Legendre 多項式

$$P_0(x) = 1, \quad P_1(x) = x, \quad P_2(x) = \frac{1}{2}(3x^2 - 1), \tag{A.6}$$

$$P_3(x) = \frac{1}{2}(5x^3 - 3x), \quad P_4(x) = \frac{1}{8}(35x^4 - 30x^2 + 3) \tag{A.7}$$

$$P_5(x) = \frac{1}{8}(63x^5 - 70x^3 + 15x) \tag{A.8}$$

A.2 Legendre 陪関数の表現

Legendre 陪関数 $P_n^m(x)$ は球面調和関数の極座標 θ 依存性を表す関数であり，Legendre 関数により定義される．

定義

$$P_n^m(x) = (1-x^2)^{m/2}\frac{d^m}{dx^m}P_n(x) \tag{A.9}$$

$$P_n^0(x) = P_n(x) \tag{A.10}$$

$$P_n^{-m}(x) = (-1)^m \frac{(n-m)!}{(n+m)!}P_n^m(x) \tag{A.11}$$

規格直交性

$$\int_0^\pi P_n^m(\cos\theta)P_{n'}^m(\cos\theta)\sin\theta d\theta = \frac{2}{2n+1}\frac{(n+m)!}{(n-m)!}\delta_{n,n'} \tag{A.12}$$

$$\int_{-1}^1 P_n^m(x)P_n^k(x)(1-x^2)^{-1}dx = \frac{(n+m)!}{m(n-m)!}\delta_{m,k} \tag{A.13}$$

A.2 Legendre 陪関数の表現

　球面調和関数に関する数値計算においては次の漸化式がよく用いられる．与えられた変数 x に対して，任意の次数 n まで簡単に計算を実行することができる．漸化式の初期値としては Legendre 関数に対する解析的表式，もしくは展開式を用いればよい．

漸化式

$$(2n+1)xP_n^m = (n+m)P_{n-1}^m + (n-m+1)P_{n+1}^m \tag{A.14}$$

$$\begin{aligned}(2n+1)(1-x^2)^{1/2}P_n^m &= P_{n+1}^{m+1} - P_{n-1}^{m+1} \\ &= (n+m)(n+m+1)P_{n-1}^{m-1} \\ &\quad - (n-m+1)(n-m+2)P_{n+1}^{m-1}\end{aligned} \tag{A.15}$$

付録B

球面調和関数

球対称ポテンシャルの問題に現れる球面調和関数 $Y(\theta, \phi)$ は次の微分方程式を満たす．

$$\frac{1}{\sin\theta}\frac{\partial}{\partial\theta}\left(\sin\theta\frac{\partial Y}{\partial\theta}\right) + \frac{1}{\sin^2\theta}\frac{\partial^2 Y}{\partial\phi^2} + \lambda Y = 0 \tag{B.1}$$

さらに，θ, ϕ について分離可能であり

$$Y(\theta, \phi) = \Theta(\theta)\Phi(\phi) \tag{B.2}$$

とすると，Θ, Φ は次の微分方程式を満たす．

$$\frac{1}{\sin\theta}\frac{d}{d\theta}\left(\sin\theta\frac{d\Theta}{d\theta}\right) + \left(\lambda - \frac{m^2}{\sin^2\theta}\right)\Theta = 0 \tag{B.3}$$

$$\frac{d^2\Phi}{d\phi^2} + m^2\Phi = 0 \tag{B.4}$$

(B.4) の解 $\Phi(\phi)$ は，ϕ についての変数域（$0 \leq \phi \leq 2\pi$）での規格化より

$$\Phi_m(\phi) = \frac{1}{\sqrt{2\pi}}e^{im\phi} \tag{B.5}$$

となる．また，(B.3) に関しては，$x = \cos\theta$ と変数変換し，$P(x) = \Theta(\theta)$ と置くと

$$(1-x^2)\frac{d^2}{dx^2}P(x) - 2x\frac{d}{dx}P(x) + \left[\lambda - \frac{m^2}{1-x^2}\right]P(x) = 0 \tag{B.6}$$

と Legendre の陪微分方程式を得る．l を 0 または $|m| \leq l$ なる正の整数として

$$\lambda = l(l+1) \tag{B.7}$$

のとき，物理的に意味のある解となる．それを，$P_l^m(x)$ と書くと，P_l^m は

83

付録 B 球面調和関数

$$P_l^m(x) = (1-x^2)^{|m|/2} \frac{d^{|m|}}{dx^{|m|}} P_l(x) \tag{B.8}$$

$$P_l(x) = \frac{1}{2^l l!} \frac{d^l}{dx^l} (x^2-1)^l \tag{B.9}$$

である．$P_l(x)$ は Legendre の多項式（付録 A 参照）で，$P_l(x)$ の母関数表示は (A.1) に与えられており

$$(1-2sx+s^2)^{-1/2} = \sum_{l=0}^{\infty} P_l(x) s^l \tag{B.10}$$

である．結局，(B.3) の解は

$$Y_{lm}(\theta,\phi) = (-1)^{\frac{|m|+m}{2}} \left[\frac{2l+1}{4\pi} \frac{(l-|m|)!}{(l+|m|)!} \right]^{1/2} P_l^m(\cos\theta) e^{im\phi} \tag{B.11}$$

と表される球面調和関数である．Y_{lm} の規格直交性は

$$\int_0^\pi \sin\theta d\theta \int_0^{2\pi} d\phi Y_{lm}^*(\theta,\phi) Y_{l'm'}(\theta,\phi) = \delta_{ll'} \delta_{mm'} \tag{B.12}$$

である．量子力学では，l および m を，方位量子数および磁気量子数と呼び，$l=0,1,2,3,\cdots$ の状態をそれぞれ，s 状態，p 状態，d 状態，f 状態，$\cdots$ と名付けている．

球面調和関数 Y_{lm} のいくつかを以下に掲げる．

$$Y_{00} = \frac{1}{\sqrt{4\pi}} \tag{B.13}$$

$$Y_{11} = -\sqrt{\frac{3}{8\pi}} \sin\theta e^{i\phi} \tag{B.14}$$

$$Y_{10} = \sqrt{\frac{3}{4\pi}} \cos\theta \tag{B.15}$$

$$Y_{1-1} = \sqrt{\frac{3}{8\pi}} \sin\theta e^{-i\phi} \tag{B.16}$$

$$Y_{22} = \sqrt{\frac{5}{96\pi}} 3\sin^2\theta e^{2i\phi} \tag{B.17}$$

$$Y_{21} = -\sqrt{\frac{5}{24\pi}} 3\sin\theta\cos\theta e^{i\phi} \tag{B.18}$$

$$Y_{20} = \sqrt{\frac{5}{4\pi}} \left(\frac{3}{2}\cos^2\theta - \frac{1}{2}\right) \tag{B.19}$$

$$Y_{2-1} = \sqrt{\frac{5}{24\pi}} 3\sin\theta\cos\theta e^{-i\phi} \tag{B.20}$$

$$Y_{2-2} = \sqrt{\frac{5}{96\pi}} 3\sin^2\theta e^{-2i\phi} \tag{B.21}$$

球面調和関数において,正負号の磁気量子数 m をもつ関数の一次結合から実数の調和関数をつくることができる(付録 C 参照).

付録C

立方調和関数

　軌道角運動量 l の球面調和関数から適当な線形結合をとると次のような比較的単純な実調和関数が得られる．

$$\mathcal{Y}_s = Y_{00} = \frac{1}{\sqrt{4\pi}} \tag{C.1}$$

$$\mathcal{Y}_x = \frac{1}{\sqrt{2}}(Y_{1-1} - Y_{11}) = \sqrt{\frac{3}{4\pi}}\frac{x}{r} \tag{C.2}$$

$$\mathcal{Y}_y = \frac{i}{\sqrt{2}}(Y_{1-1} + Y_{11}) = \sqrt{\frac{3}{4\pi}}\frac{y}{r} \tag{C.3}$$

$$\mathcal{Y}_z = Y_{10} = \sqrt{\frac{3}{4\pi}}\frac{z}{r} \tag{C.4}$$

$$\mathcal{Y}_{3z^2-r^2} = Y_{20} = \sqrt{\frac{5}{16\pi}}\frac{3z^2-r^2}{r^2} \tag{C.5}$$

$$\mathcal{Y}_{x^2-y^2} = \frac{1}{\sqrt{2}}(Y_{2-2} + Y_{22}) = \sqrt{\frac{15}{16\pi}}\frac{x^2-y^2}{r^2} \tag{C.6}$$

$$\mathcal{Y}_{yz} = -\frac{i}{\sqrt{2}}(Y_{2-1} + Y_{21}) = \sqrt{\frac{15}{4\pi}}\frac{yz}{r^2} \tag{C.7}$$

$$\mathcal{Y}_{zx} = -\frac{1}{\sqrt{2}}(Y_{2-1} - Y_{21}) = \sqrt{\frac{15}{4\pi}}\frac{zx}{r^2} \tag{C.8}$$

$$\mathcal{Y}_{xy} = -\frac{i}{\sqrt{2}}(Y_{2-2} - Y_{22}) = \sqrt{\frac{15}{4\pi}}\frac{xy}{r^2} \tag{C.9}$$

これらの関数は立方対称の点群に対する既約表現 (irreducible representation) の基底をなしており**立方調和関数**と呼ばれている．$l=0$ から $l=2$ の立方調和関数の角度依存性を図 C.1–C.3 に示す．

付録C 立方調和関数

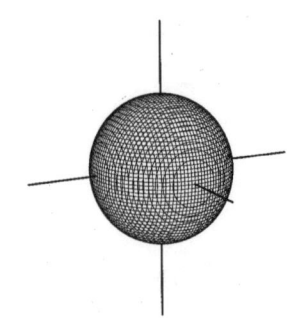

図C.1 $l=0$ の立方調和関数 $\mathcal{Y}_s$. 極座標での角 (θ,ϕ) に対する振幅を原点からの距離として表現し,等関数値面を表現している.

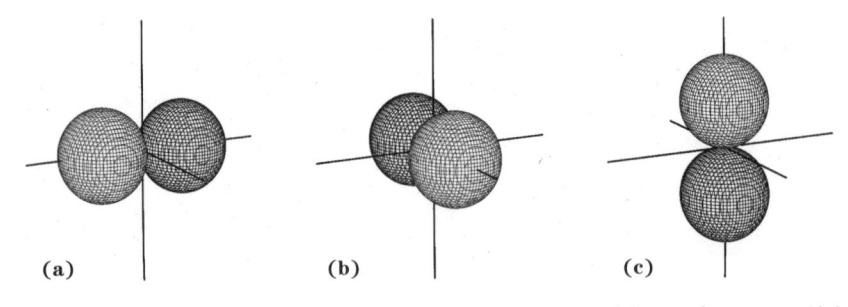

図C.2 $l=1$ の立方調和関数.(a) $\mathcal{Y}_x$, (b) $\mathcal{Y}_y$, (c) $\mathcal{Y}_z$. 極座標での角 (θ,ϕ) に対する振幅を原点からの距離として表現し,等関数値面を表現している.線の濃淡は振幅が正負の部分を表している.

89

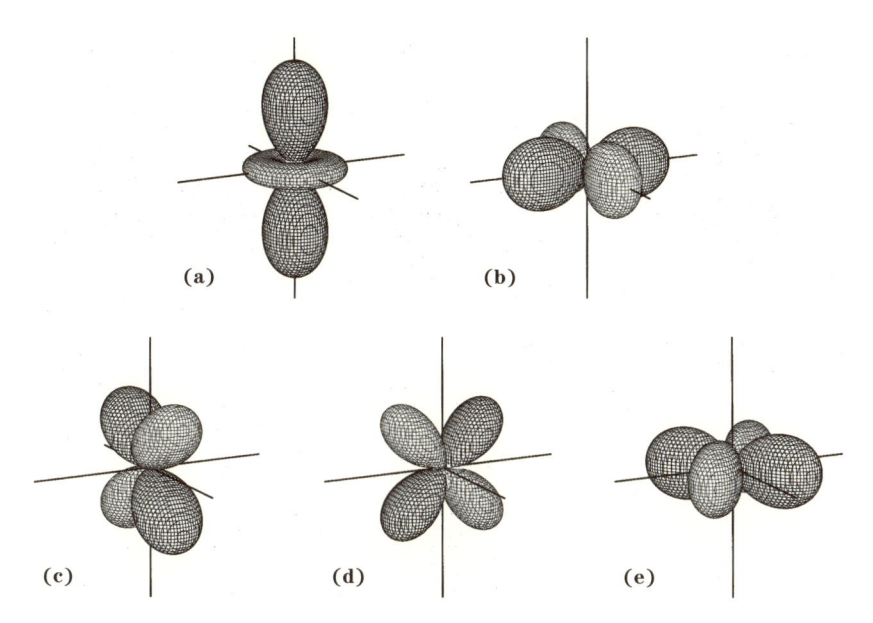

図 C.3 $l=2$ の立方調和関数. (a) $\mathcal{Y}_{3z^2-r^2}$, (b) $\mathcal{Y}_{x^2-y^2}$, (c) $\mathcal{Y}_{yz}$, (d) $\mathcal{Y}_{zx}$, (e) $\mathcal{Y}_{xy}$. 極座標での角 (θ,ϕ) に対する振幅を原点からの距離として表現し,等関数値面を表現している.線の濃淡は振幅が正負の部分を表している.

付録 D

点群と回転操作

D.1 二次元空間での回転

二次元座標系において,回転操作によって実現される座標変換がどのように表されるのかを考察しよう.座標上に点 $r = (x, y)$ を置き,原点の周りに角度 θ だけ回転させた点を $r' = (x', y')$ とすると,その座標変換は

$$r' = R(\theta)r \tag{D.1}$$

$$\begin{pmatrix} x' \\ y' \end{pmatrix} = \begin{pmatrix} \cos\theta & -\sin\theta \\ \sin\theta & \cos\theta \end{pmatrix} \begin{pmatrix} x \\ y \end{pmatrix} \tag{D.2}$$

と表される.その回転操作の様子を図 D.1(a) に示した.等価の回転操作は,図 D.1(b) に示すように,点を固定したままで座標軸を角度 $-\theta$ だけ回転,すなわ

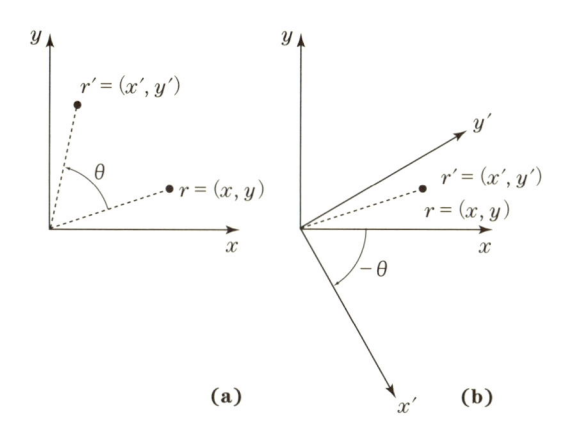

図 **D.1** 二次元座標系での回転操作.(a) 座標ベクトルの回転による操作,(b) 座標軸の回転による操作.

91

ち，角度 θ だけ逆に回転させることで実現される．このとき，回転前の座標ベクトル $\bm{r} = (x, y)$ と同じものを回転後の座標系で見た座標を $\bm{r}' = (x', y')$ とすると，座標変換は

$$\bm{r}' = \bm{r} R(-\theta) \tag{D.3}$$

$$(x', y') = (x, y) \begin{pmatrix} \cos(-\theta) & -\sin(-\theta) \\ \sin(-\theta) & \cos(-\theta) \end{pmatrix} \tag{D.4}$$

と書ける．同じ回転操作を二つのやり方で実現しても，座標ベクトルと座標系の幾何学的な相対関係は同じであるから，その座標変換は当然同じとなるべきである．そこで，角度 θ の回転操作を行う場合には，常に変換行列を

$$R(\theta) = \begin{pmatrix} \cos\theta & -\sin\theta \\ \sin\theta & \cos\theta \end{pmatrix} \tag{D.5}$$

と定義することとし，座標ベクトルの回転の場合には (D.1) と使い，座標軸の回転の場合には (D.3) と使うことと約束する．

D.2 三次元空間での回転と点群操作

三次元空間における回転操作（広い意味で反転操作 (I) や鏡映操作も含む）は，前節の二次元系の場合と同様にして，座標ベクトル $\bm{r} = (x, y, z)$ の回転による，新しい座標ベクトル $\bm{r}' = (x', y', z')$ への座標変換により定義される．

$$\bm{r}' = R\bm{r} \tag{D.6}$$

$$\begin{pmatrix} x' \\ y' \\ z' \end{pmatrix} = R \begin{pmatrix} x \\ y \\ z \end{pmatrix} \tag{D.7}$$

一般にその変換 R は 3×3 の行列となるが，以下に示すように結晶に現れる点群の場合，主軸を系の対称性に合わせて選ぶと三つの成分の簡単なマッピング

D.2 三次元空間での回転と点群操作

を指定するだけで十分である．例えば，立方晶系に対して，z 軸周りの角度 $\pi/2$ の回転操作のとき，変換行列 R は二次元座標系での変換行列 (D.5) を拡張して

$$R_z\left(\frac{\pi}{2}\right) = \begin{pmatrix} 0 & -1 & 0 \\ 1 & 0 & 0 \\ 0 & 0 & 1 \end{pmatrix} \tag{D.8}$$

となるが，簡単に，$(x', y', z') = (-y, x, z) = (\bar{y}, x, z)$ と表現することができる．

反転対称操作 (I) を含む立方晶対称操作からなる O_h 点群には表 D.1 および D.2 に示すように，48 個の回転操作がある．

表 D.1 O_h 点群の回転操作（その 1）．(x, y, z) は主軸への射影成分として表された座標である．α, β, γ は変換行列における Euler 角．

	名称	(x', y', z')	α	β	γ	行列式
1	E	(x, y, z)	0	0	0	$+1$
2	C_4^2	$(\bar{x}, \bar{y}, z)$	π	0	0	$+1$
3	C_4^2	$(x, \bar{y}, \bar{z})$	π	π	0	$+1$
4	C_4^2	$(\bar{x}, y, \bar{z})$	0	π	0	$+1$
5	C_4	$(y, \bar{x}, z)$	$-\pi/2$	0	0	$+1$
6	C_4	$(\bar{y}, x, z)$	$\pi/2$	0	0	$+1$
7	C_4	$(x, z, \bar{y})$	$\pi/2$	$\pi/2$	$-\pi/2$	$+1$
8	C_4	$(x, \bar{z}, y)$	$-\pi/2$	$\pi/2$	$\pi/2$	$+1$
9	C_4	$(\bar{z}, y, x)$	π	$\pi/2$	π	$+1$
10	C_4	$(z, y, \bar{x})$	0	$\pi/2$	0	$+1$
11	C_2	$(y, x, \bar{z})$	$-\pi/2$	π	0	$+1$
12	C_2	$(z, \bar{y}, x)$	0	$\pi/2$	π	$+1$
13	C_2	$(\bar{x}, z, y)$	$\pi/2$	$\pi/2$	$\pi/2$	$+1$
14	C_2	$(\bar{y}, \bar{x}, \bar{z})$	$\pi/2$	π	0	$+1$
15	C_2	$(\bar{z}, \bar{y}, \bar{x})$	π	$\pi/2$	0	$+1$
16	C_2	$(\bar{x}, \bar{z}, \bar{y})$	$-\pi/2$	$\pi/2$	$-\pi/2$	$+1$
17	C_3	(y, z, x)	$\pi/2$	$\pi/2$	π	$+1$
18	C_3	(z, x, y)	0	$\pi/2$	$\pi/2$	$+1$
19	C_3	$(\bar{y}, \bar{z}, x)$	$-\pi/2$	$\pi/2$	π	$+1$
20	C_3	$(z, \bar{x}, \bar{y})$	0	$\pi/2$	$-\pi/2$	$+1$
21	C_3	$(\bar{y}, z, \bar{x})$	$\pi/2$	$\pi/2$	0	$+1$
22	C_3	$(\bar{z}, \bar{x}, y)$	π	$\pi/2$	$\pi/2$	$+1$
23	C_3	$(y, \bar{z}, \bar{x})$	$-\pi/2$	$\pi/2$	0	$+1$
24	C_3	$(\bar{z}, x, \bar{y})$	π	$\pi/2$	$-\pi/2$	$+1$

表 D.2 O_h 点群の回転操作（その 2）．(x, y, z) は主軸への射影成分として表された座標である．α, β, γ は変換行列における Euler 角．

	名称	(x', y', z')	α	β	γ	行列式
25	I	$(\bar{x}, \bar{y}, \bar{z})$	0	0	0	-1
26	IC_4^2	$(x, y, \bar{z})$	π	0	0	-1
27	IC_4^2	$(\bar{x}, y, z)$	π	π	0	-1
28	IC_4^2	$(x, \bar{y}, z)$	0	π	0	-1
29	IC_4	$(\bar{y}, x, \bar{z})$	$-\pi/2$	0	0	-1
30	IC_4	$(y, \bar{x}, \bar{z})$	$\pi/2$	0	0	-1
31	IC_4	$(\bar{x}, \bar{z}, y)$	$\pi/2$	$\pi/2$	$-\pi/2$	-1
32	IC_4	$(\bar{x}, z, \bar{y})$	$-\pi/2$	$\pi/2$	$\pi/2$	-1
33	IC_4	$(z, \bar{y}, \bar{x})$	π	$\pi/2$	π	-1
34	IC_4	$(\bar{z}, \bar{y}, x)$	0	$\pi/2$	0	-1
35	IC_2	$(\bar{y}, \bar{x}, z)$	$-\pi/2$	π	0	-1
36	IC_2	$(\bar{z}, y, \bar{x})$	0	$\pi/2$	π	-1
37	IC_2	$(x, \bar{z}, \bar{y})$	$\pi/2$	$\pi/2$	$\pi/2$	-1
38	IC_2	(y, x, z)	$\pi/2$	π	0	-1
39	IC_2	(z, y, x)	π	$\pi/2$	0	-1
40	IC_2	(x, z, y)	$-\pi/2$	$\pi/2$	$-\pi/2$	-1
41	IC_3	$(\bar{y}, \bar{z}, \bar{x})$	$\pi/2$	$\pi/2$	π	-1
42	IC_3	$(\bar{z}, \bar{x}, \bar{y})$	0	$\pi/2$	$\pi/2$	-1
43	IC_3	$(y, z, \bar{x})$	$-\pi/2$	$\pi/2$	π	-1
44	IC_3	$(\bar{z}, x, y)$	0	$\pi/2$	$-\pi/2$	-1
45	IC_3	$(y, \bar{z}, x)$	$\pi/2$	$\pi/2$	0	-1
46	IC_3	$(z, x, \bar{y})$	π	$\pi/2$	$\pi/2$	-1
47	IC_3	$(\bar{y}, z, x)$	$-\pi/2$	$\pi/2$	0	-1
48	IC_3	$(z, \bar{x}, y)$	π	$\pi/2$	$-\pi/2$	-1

また，反転対称操作 (I) を含む六方晶対称操作からなる D_{6h} 点群には表 D.3 に示すように，24 個の回転操作がある．さらに，菱面対称座標系における D_{3h} 点群の 12 個の回転操作を表 D.4 に示す．

D.2 三次元空間での回転と点群操作

表 D.3 D_{6h} 点群の回転操作. (x, y, z) は主軸への射影成分として表された座標である. α, β, γ は変換行列における Euler 角.

	名称	(x', y', z')	α	β	γ	行列式
1	E	(x, y, z)	0	0	0	$+1$
2	C_2	$(\bar{x}, \bar{y}, z)$	π	0	0	$+1$
3	C_6	$(x-y, x, z)$	$\pi/3$	0	0	$+1$
4	C_6	$(y, -x+y, z)$	$-\pi/3$	0	0	$+1$
5	C_3	$(-x+y, \bar{x}, z)$	$-2\pi/3$	0	0	$+1$
6	C_3	$(\bar{y}, x-y, z)$	$2\pi/3$	0	0	$+1$
7	C_2'	$(x, x-y, \bar{z})$	π	π	0	$+1$
8	C_2'	$(\bar{y}, \bar{x}, \bar{z})$	$\pi/3$	π	0	$+1$
9	C_2'	$(-x+y, y, \bar{z})$	$-\pi/3$	π	0	$+1$
10	C_2''	$(y, x, \bar{z})$	$-2\pi/3$	π	0	$+1$
11	C_2''	$(\bar{x}, -x+y, \bar{z})$	0	π	0	$+1$
12	C_2''	$(z, \bar{y}, \bar{z})$	$2\pi/3$	π	0	$+1$
13	I	$(\bar{x}, \bar{y}, \bar{z})$	0	0	0	-1
14	IC_2	$(x, y, \bar{z})$	π	0	0	-1
15	IC_6	$(-x+y, \bar{x}, \bar{z})$	$\pi/3$	0	0	-1
16	IC_6	$(\bar{y}, x-y, \bar{z})$	$-\pi/3$	0	0	-1
17	IC_3	$(x-y, x, \bar{z})$	$-2\pi/3$	0	0	-1
18	IC_3	$(y, -x+y, \bar{z})$	$2\pi/3$	0	0	-1
19	IC_2'	$(\bar{x}, -x+y, z)$	π	π	0	-1
20	IC_2'	(y, x, z)	$\pi/3$	π	0	-1
21	IC_2'	$(x-y, \bar{y}, z)$	$-\pi/3$	π	0	-1
22	IC_2''	$(\bar{y}, \bar{x}, z)$	$-2\pi/3$	π	0	-1
23	IC_2''	$(x, x-y, z)$	0	π	0	-1
24	IC_2''	$(-x+y, y, z)$	$2\pi/3$	π	0	-1

表 D.4 D_{3h} 点群の回転操作．(x, y, z) は主軸への射影成分として表された座標である．α, β, γ は変換行列における Euler 角．

	名称	(x', y', z')	α	β	γ	行列式
1	E	(x, y, z)	0	0	0	$+1$
2	C_3	(y, z, x)	$-2\pi/3$	0	0	$+1$
3	C_3	(z, x, y)	$2\pi/3$	0	0	$+1$
4	C_2	$(\bar{z}, \bar{y}, \bar{x})$	$-2\pi/3$	π	0	$+1$
5	C_2	$(\bar{y}, \bar{x}, \bar{z})$	$2\pi/3$	π	0	$+1$
6	C_2	$(\bar{x}, \bar{z}, \bar{y})$	0	π	0	$+1$
7	I	$(\bar{x}, \bar{y}, \bar{z})$	0	0	0	-1
8	IC_3	$(\bar{y}, \bar{z}, \bar{x})$	$-2\pi/3$	0	0	-1
9	IC_3	$(\bar{z}, \bar{x}, \bar{y})$	$2\pi/3$	0	0	-1
10	IC_2	(z, y, x)	$-2\pi/3$	π	0	-1
11	IC_2	(y, x, z)	$2\pi/3$	π	0	-1
12	IC_2	(x, z, y)	0	π	0	-1

D.3　Euler 角

前節で述べたように，座標の変換は 9 個の方向余弦からなる 3×3 の行列で表される．直交座標における座標軸周りの三つの回転により一般的な座標変換を表現する手法が Euler 角である．Euler 角 (α, β, γ) の定義は，図 D.2 に示すような**座標軸の回転**に基づく．まず，z 軸周りに角度 α の座標軸の回転を行う．この回転による変換行列は

$$R_z(\alpha) = \begin{pmatrix} \cos\alpha & -\sin\alpha & 0 \\ \sin\alpha & \cos\alpha & 0 \\ 0 & 0 & 1 \end{pmatrix} \tag{D.9}$$

と表現され，座標変換は座標軸の回転であるから

$$(x', y', z') = (x, y, z)\, R_z(\alpha) \tag{D.10}$$

となる．2 回目の回転は新しい y 軸，すなわち y' 軸周りに角度 β の回転を行う．この回転は

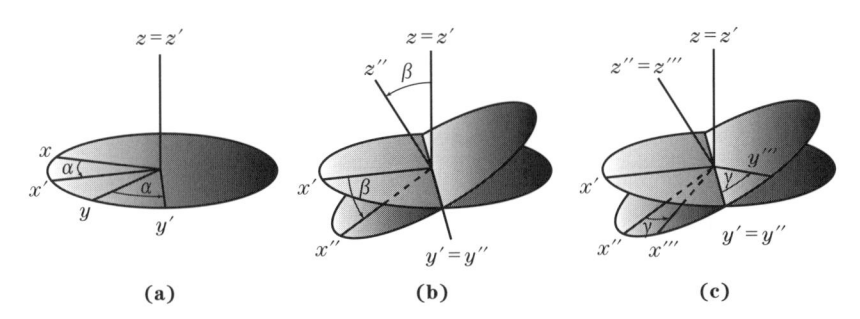

図 D.2 Euler 角による座標変換. (a) z 軸周りの x, y 座標軸の角度 α 回転, (b) y' 軸周りの x', z' 座標軸の角度 β 回転, (c) z'' 軸周りの x'', y'' 座標軸の角度 γ 回転.

$$R_{y'}(\beta) = \begin{pmatrix} \cos\beta & 0 & \sin\beta \\ 0 & 1 & 0 \\ -\sin\beta & 0 & \cos\beta \end{pmatrix} \tag{D.11}$$

$$(x'', y'', z'') = (x', y', z') R_{y'}(\beta) \tag{D.12}$$

となり，最後の回転は z'' 軸周りに角度 γ の回転を行う．

$$R_{z''}(\gamma) = \begin{pmatrix} \cos\gamma & -\sin\gamma & 0 \\ \sin\gamma & \cos\gamma & 0 \\ 0 & 0 & 1 \end{pmatrix} \tag{D.13}$$

$$(x''', y''', z''') = (x'', y'', z'') R_{z''}(\gamma) \tag{D.14}$$

すると，三つの角度で表される変換行列は次式のようになる．

$$\begin{aligned}(x''', y''', z''') &= (x, y, z) R_z(\alpha) R_{y'}(\beta) R_{z''}(\gamma) \\ &\equiv (x, y, z) R(\alpha, \beta, \gamma)\end{aligned} \tag{D.15}$$

三つの連続する行列変換の積を計算して Euler 角による変換行列として次式を得る．

付録 D 点群と回転操作

$$R(\alpha,\beta,\gamma) = \begin{pmatrix} \cos\gamma\cos\beta\cos\alpha - \sin\gamma\sin\alpha & -\sin\gamma\cos\beta\cos\alpha - \cos\gamma\sin\alpha & \sin\beta\cos\alpha \\ \cos\gamma\cos\beta\sin\alpha + \sin\gamma\cos\alpha & -\sin\gamma\cos\beta\sin\alpha + \cos\gamma\cos\alpha & \sin\beta\sin\alpha \\ -\cos\gamma\sin\beta & \sin\gamma\sin\beta & \cos\beta \end{pmatrix} \tag{D.16}$$

点群における回転操作を，座標ベクトルの回転として

$$\begin{pmatrix} x' \\ y' \\ z' \end{pmatrix} = R(\alpha,\beta,\gamma) \begin{pmatrix} x \\ y \\ z \end{pmatrix} \tag{D.17}$$

と表したときの変換行列 (D.16) を決める Euler 角 (α,β,γ) を表 D.1–D.4 に載せた．立方晶系の場合主軸は直交座標となっているが，六方晶系および菱面体晶（三方晶）系の場合には Euler 角が定義される直交座標と主軸の関係を明らかにしておく必要がある．ここで仮定された座標系と結晶の主軸の幾何学的配置を図 D.3 に示す．

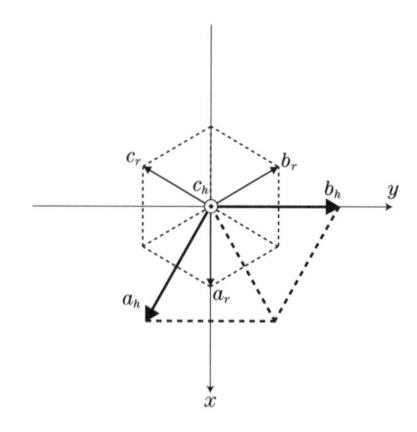

図 D.3 六方晶系および菱面体晶系における主軸と直交座標系の関係．a_h, b_h, c_h および a_r, b_r, c_r はそれぞれ六方晶系および菱面体晶系における主軸を表し，ここには xy 面内への射影を示してある．

ところで，Euler 角による座標変換は純粋な回転操作だけであり反転操作（I）が含まれていない．したがって，対称操作に反転が含まれている場合には変換行列の各要素に -1 をかける必要がある．これは，変換行列の行列式が反転操作を含まない場合には $+1$，含む場合には -1 となることで示すことができる．反転操作を関数に作用するとき，関数の偶奇性（パリティ）により符号が依存する．偶関数の場合は符号は変わらないが奇関数の場合には符号が変わる．

D.4 関数の回転

座標 r を引数とする関数 $\psi(r)$ に対して回転操作 R を考えよう．図 D.4 に示すように，関数 ψ に R を作用させて回転させた新しい関数を $\psi' = R\psi$ とする．関数と座標ベクトルを同時に回転させることは，何もしていないことと同じだから

$$\psi'(r') = R\psi(Rr) = \psi(r) \tag{D.18}$$

回転後の関数の座標 r での値 $\psi'(r)$ は，元々の関数 ψ の $R^{-1}r$ の位置における値に等しいことが分かる．結局，関数の回転操作は

$$\psi'(r) = R\psi(r) = \psi(R^{-1}r) \tag{D.19}$$

と与えられることになる．

ここで，(D.19) において $r' = R^{-1}r$ と置くと，変換行列のユニタリー性 $R^{-1} = R^\dagger$ から

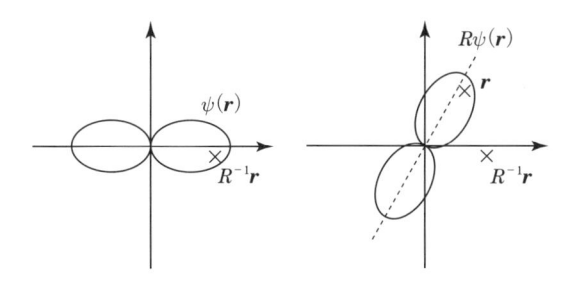

図 D.4 関数 ψ に対する回転操作 R.

$$\boldsymbol{r}' = R^\dagger \boldsymbol{r} \tag{D.20}$$

$$(\boldsymbol{r}')^\dagger = (\boldsymbol{r})^\dagger R \tag{D.21}$$

$$(x', y', z') = (x, y, z)\, R \tag{D.22}$$

となり，(D.15) より，関数を R だけ回転させることは，座標軸を Euler 角 (α, β, γ) で回したときの座標変換と同等である．

D.5 球面調和関数の回転

球面調和関数 $Y_{lm}(\boldsymbol{r})$ に対する回転操作 $R(\alpha, \beta, \gamma)$ による変換は，回転行列 $D^{(l)}_{m'm}(\alpha, \beta, \gamma)$ を用いて次のように与えられる．

$$RY_{lm}(\boldsymbol{r}) = Y_{lm}(R^{-1}\boldsymbol{r}) = \sum_{m'} Y_{lm'}(\boldsymbol{r}) D^{(l)}_{m'm}(\alpha, \beta, \gamma) \tag{D.23}$$

$$D^{(l)}_{m'm}(\alpha, \beta, \gamma) = \sum_{k=0}^{l+m} (-1)^k \frac{\sqrt{(l+m)!(l-m)!(l+m')!(l-m')!}}{k!(l-m'-k)!(l+m-k)!(m'-m+k)!}$$

$$\times e^{-im\gamma} \left(\cos\frac{\beta}{2}\right)^{2l+m-m'-2k} \left(-\sin\frac{\beta}{2}\right)^{m'-m+2k} e^{-im'\alpha} \tag{D.24}$$

例えば，$l = 1$ の p 関数に対する変換行列は次式により与えられる．

$$D^{(1)}(\alpha, \beta, \gamma) = \begin{array}{c} \\ -1 \\ 0 \\ 1 \end{array} \begin{pmatrix} -1 & 0 & 1 \\ e^{i\alpha}\frac{1+\cos\beta}{2}e^{i\gamma} & e^{i\alpha}\frac{\sin\beta}{\sqrt{2}} & e^{i\alpha}\frac{1-\cos\beta}{2}e^{-i\gamma} \\ -\frac{\sin\beta}{\sqrt{2}}e^{i\gamma} & \cos\beta & \frac{\sin\beta}{\sqrt{2}}e^{-i\gamma} \\ e^{-i\alpha}\frac{1-\cos\beta}{2}e^{i\gamma} & -e^{-i\alpha}\frac{\sin\beta}{\sqrt{2}} & e^{-i\alpha}\frac{1+\cos\beta}{2}e^{-i\gamma} \end{pmatrix} \tag{D.25}$$

回転操作に反転 (I) が含まれている場合には，調和関数の偶奇性によりその符号が変わる．偶奇性は調和関数の軌道角運動量により決められるので，以下のように表現することができる．

$$IY_{lm}(\boldsymbol{r}) = (-1)^l Y_{lm}(\boldsymbol{r}) \tag{D.26}$$

前節より，(D.23) における $R^{-1}\boldsymbol{r}$ は，座標軸を Euler 角 (α, β, γ) だけ回した場合における新しい座標軸から見たときの座標に相当するから，(D.23) の二番目の等号は Euler 角だけ異なる座標軸で定義された球面調和関数の間の関係を示すものと言うことができる．

付録 E

空 間 群

E.1 対称操作

空間群の要素である対称操作は

$$\{\alpha | \bm{R} + \bm{\tau}_\alpha\}\bm{r} = \alpha\bm{r} + \bm{R} + \bm{\tau}_\alpha \tag{E.1}$$

と定義される．ここで，α は回転を表す 3×3 行列，$\bm{R}$ は格子ベクトルである．また，$\bm{\tau}_\alpha$ は格子の基本並進ベクトルで表せない並進操作ベクトルで，α に依存している．共型 (symmorphic) な空間群の場合にはすべての α に対して $\bm{\tau}_\alpha = 0$ と選ぶことができ，非共型 (non-symmorphic) な空間群の場合にはいくつかの α に対して $\bm{\tau}_\alpha \neq 0$ となる．関数への対称操作は

$$\{\alpha | \bm{R} + \bm{\tau}_\alpha\}\psi(\bm{r}) \equiv \psi(\{\alpha | \bm{R} + \bm{\tau}_\alpha\}^{-1}\bm{r}) \tag{E.2}$$

で定義される．$\{\alpha | \bm{R} + \bm{\tau}_\alpha\}^{-1}$ は逆操作で

$$\{\alpha | \bm{R} + \bm{\tau}_\alpha\}^{-1} = \{\alpha^{-1} | -\alpha^{-1}(\bm{R} + \bm{\tau}_\alpha)\} \tag{E.3}$$

で与えられる．恒等操作，つまり空間群の単位元は $\{E|\bm{0}\}$ と表記される．すなわち

$$\{E|\bm{0}\}\bm{r} = \bm{r} \tag{E.4}$$

である．また，操作の積は対称操作を連続して作用させることから得られる．

$$\begin{aligned}
\{\beta|\boldsymbol{R}'+\boldsymbol{\tau}_\beta\}\{\alpha|\boldsymbol{R}+\boldsymbol{\tau}_\alpha\}\boldsymbol{r} &= \beta(\alpha\boldsymbol{r}+\boldsymbol{R}+\boldsymbol{\tau}_\alpha)+\boldsymbol{R}'+\boldsymbol{\tau}_\beta \\
&= \beta\alpha\boldsymbol{r}+\beta(\boldsymbol{R}+\boldsymbol{\tau}_\alpha)+\boldsymbol{R}'+\boldsymbol{\tau}_\beta \\
&= \{\beta\alpha|\beta(\boldsymbol{R}+\boldsymbol{\tau}_\alpha)+\boldsymbol{R}'+\boldsymbol{\tau}_\beta\}\boldsymbol{r} \\
&= \{\gamma|\boldsymbol{R}''+\boldsymbol{\tau}_\gamma\}\boldsymbol{r} \tag{E.5}
\end{aligned}$$

$$\gamma = \beta\alpha \tag{E.6}$$

$$\boldsymbol{R}''+\boldsymbol{\tau}_\gamma = \beta(\boldsymbol{R}+\boldsymbol{\tau}_\alpha)+\boldsymbol{R}'+\boldsymbol{\tau}_\beta \tag{E.7}$$

E.2 既約表現

一般に，対称操作群 $\{R_a : a = 1, 2, \ldots, g\}$ によって d 個の（基底）関数 $(\phi_1, \phi_2, \ldots, \phi_d)$ が次のように変換されるとき，$d \times d$ の変換行列 $\{D(R_a) : a = 1, 2, \ldots, g\}$ をその群の表現という．

$$R_a(\phi_1, \phi_2, \ldots, \phi_d) = (\phi_1, \phi_2, \ldots, \phi_d)D(R_a) \tag{E.8}$$

適当なユニタリー行列 U を選んで，すべての R_a に対して

$$UD(R_a)U^{-1} = \begin{pmatrix} D^{(1)}(R_a) & & 0 \\ & D^{(2)}(R_a) & \\ 0 & & \ddots \end{pmatrix} \tag{E.9}$$

のようにブロック対角化できるとき，その表現 $D(R_a)$ は可約であるという．可約でない表現を既約表現という．

E.3 並進群

格子の並進操作 $\{E|\boldsymbol{R}\}$ の集まり（並進群）は，アーベル（可換）群であり，空間群の部分群を構成する．さらに，空間群の対称操作のうち並進部分を $\boldsymbol{a}$ と略記して

$$\begin{aligned}
\{\alpha|a\}\{E|R\}\{\alpha|a\}^{-1}r &= \{\alpha|a\}\{E|R\}\{\alpha^{-1}|-\alpha^{-1}a\}r \\
&= \{\alpha|a\}\{E|R\}\left(\alpha^{-1}r - \alpha^{-1}a\right) \\
&= \{\alpha|a\}\left(\alpha^{-1}r - \alpha^{-1}a + R\right) \\
&= r + \alpha R \\
&= \{E|\alpha R\}r \qquad (\text{E.10})
\end{aligned}$$

となるから，並進群は空間群の正規部分群である．

ある波数 k で指定される波動関数に並進操作 $\{E|R\}$ を作用させると，Bloch の定理より

$$\begin{aligned}
\{E|R\}\psi^k(r) &= \psi^k(\{E|R\}^{-1}r) \\
&= \psi^k(r - R) \\
&= e^{-ik\cdot R}\psi^k(r) \qquad (\text{E.11})
\end{aligned}$$

となる．したがって，並進群の既約表現はすべて一次元表現で，$e^{-ik\cdot R}$ であり，Bloch 関数 ψ^k はその既約表現の基底を張る．また，逆格子ベクトルだけ異なる波数 $k+K$ をもつ状態は，波数 k の状態と同じ並進群の既約表現を与えることに注意しよう．

E.4　波数ベクトルの回転

波数 αk の波動関数に，並進操作を作用させると

$$\{E|R\}\psi^{\alpha k}(r) = e^{-i\alpha k\cdot R}\psi^{\alpha k}(r) \qquad (\text{E.12})$$

を得る．

ここで，空間群の対称操作の並進部分を単に a と記すことにして

$$\begin{align}
\{E|\boldsymbol{R}\}\{\alpha|\boldsymbol{a}\}\boldsymbol{r} &= \{E|\boldsymbol{R}\}(\alpha\boldsymbol{r}+\boldsymbol{a}) \\
&= \alpha\boldsymbol{r}+\boldsymbol{a}+\boldsymbol{R} \\
&= \alpha(\boldsymbol{r}+\alpha^{-1}\boldsymbol{R})+\boldsymbol{a} \\
&= \{\alpha|\boldsymbol{a}\}\{E|\alpha^{-1}\boldsymbol{R}\}\boldsymbol{r} \tag{E.13}
\end{align}$$

を用いると

$$\begin{align}
\{E|\boldsymbol{R}\}\{\alpha|\boldsymbol{a}\}\psi^{\boldsymbol{k}}(\boldsymbol{r}) &= \{\alpha|\boldsymbol{a}\}\{E|\alpha^{-1}\boldsymbol{R}\}\psi^{\boldsymbol{k}}(\boldsymbol{r}) \\
&= \{\alpha|\boldsymbol{a}\}\psi^{\boldsymbol{k}}(\{E|\alpha^{-1}\boldsymbol{R}\}^{-1}\boldsymbol{r}) \\
&= \{\alpha|\boldsymbol{a}\}\psi^{\boldsymbol{k}}(\boldsymbol{r}-\alpha^{-1}\boldsymbol{R}) \\
&= e^{-i\alpha\boldsymbol{k}\cdot\boldsymbol{R}}\{\alpha|\boldsymbol{a}\}\psi^{\boldsymbol{k}}(\boldsymbol{r}) \tag{E.14}
\end{align}$$

となり，$\psi^{\alpha\boldsymbol{k}}(\boldsymbol{r})$ と $\{\alpha|\boldsymbol{a}\}\psi^{\boldsymbol{k}}(\boldsymbol{r})$ は並進操作 $\{E|\boldsymbol{R}\}$ に対して同じ並進群の既約表現 $e^{-i\alpha\boldsymbol{k}\cdot\boldsymbol{R}}$ を与える Bloch 関数であることが分かる．したがって

$$\psi_j^{\alpha\boldsymbol{k}}(\boldsymbol{r}) = \{\alpha|\boldsymbol{a}\}\psi_{j'}^{\boldsymbol{k}}(\boldsymbol{r}) \tag{E.15}$$

が成り立つ．

E.5　k群

対称操作の回転部分 α により，逆格子ベクトル $\boldsymbol{K}$ の範囲で波数ベクトルを不変に保つ，すなわち

$$\alpha\boldsymbol{k} = \boldsymbol{k}+\boldsymbol{K} \tag{E.16}$$

を満たす回転操作 α の集まりは k 点群と呼ばれる．

　k 点群に属する回転操作 α をもつ空間群の対称操作 $\{\alpha|\boldsymbol{a}\}$ は，前節の議論より，Bloch 状態を波数 $\boldsymbol{k}$ の空間に閉じた変換を与える．この操作の集まりを k 群と呼ぶ．波数 $\boldsymbol{k}$ の固有状態は，k 群の既約表現（k 点群の既約表現）によってラベル付けすることができる．

E.6 球面波表示の波動関数の回転

波動関数 $\psi_n^{\bm{k}}(\bm{r})$ が

$$\psi_n^{\bm{k}}(\bm{r}) = \sum_{\nu lm} \phi_{\nu lm}^{\bm{k}}(\bm{r}) C_{\nu lm,n}^{\bm{k}} \tag{E.17}$$

と表現されているとする．ここで，ν は原子の種類を，lm は軌道角運動量とその成分を表す．また，原子基底関数 $\phi_{\nu lm}^{\bm{k}}(\bm{r})$ は Bloch の定理を満たすように動径関数 $R_{\nu l}(r)$ と球面調和関数を用いてあらかじめつくられている．

$$\phi_{\nu lm}^{\bm{k}}(\bm{r}) = \sum_{\bm{R}} \phi_{\nu lm}(\bm{r} - \bm{\tau}_\nu - \bm{R}) e^{i\bm{k}\cdot(\bm{\tau}_\nu + \bm{R})} \tag{E.18}$$

$$\phi_{\nu lm}(\bm{r}) = R_{\nu l}(r) Y_{lm}(\hat{\bm{r}}) \tag{E.19}$$

ここで，原子の中心位置は，単位胞の位置を示す格子ベクトル $\bm{R}$ と単位胞内の位置ベクトル $\bm{\tau}_\nu$ を用いて $\bm{\tau}_\nu + \bm{R}$ と表されている（図 E.1）．

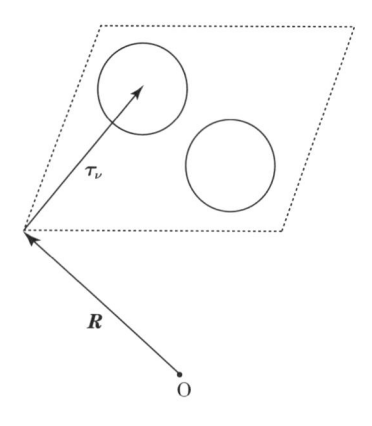

図 E.1 単位胞の位置を示す格子ベクトル $\bm{R}$ と単位胞内の原子位置ベクトル $\bm{\tau}_\nu$．

108　付録 E　空間群

この基底関数 $\phi_{\nu lm}^{k}(r)$ に空間群の操作 $\{\alpha|\tau_\alpha\}$ を作用させると

$$\begin{aligned}\{\alpha|\tau_\alpha\}\phi_{\nu lm}^{k}(r) &= \phi_{\nu lm}^{k}(\{\alpha|\tau_\alpha\}^{-1}r) \\ &= \sum_{R}\phi_{\nu lm}(\alpha^{-1}r - \alpha^{-1}\tau_\alpha - \tau_\nu - R) \\ &\quad \times e^{ik\cdot(\tau_\nu+R)} \\ &= \sum_{R}\phi_{\nu lm}(\alpha^{-1}\{r - \tau_\alpha - \alpha(\tau_\nu+R)\}) \\ &\quad \times e^{i\alpha k\cdot\alpha(\tau_\nu+R)} \end{aligned} \tag{E.20}$$

を得る．ここで，原子位置 $(\tau_\nu + R)$ に対する操作 $\{\alpha|\tau_\alpha\}$ で

$$\{\alpha|\tau_\alpha\}(\tau_\nu+R) = \alpha(\tau_\nu+R) + \tau_\alpha = \tau_{\nu'}+R' \tag{E.21}$$

のように，原子 ν と等価な R' セル内の原子 ν' に移るとすると

$$\begin{aligned}\{\alpha|\tau_\alpha\}\phi_{\nu lm}^{k}(r) &= \sum_{R'}\phi_{\nu' lm}(\alpha^{-1}(r-\tau_{\nu'}-R')) \\ &\quad \times e^{i\alpha k\cdot(\tau_{\nu'}+R')}e^{-i\alpha k\cdot\tau_\alpha}\end{aligned} \tag{E.22}$$

となる．$\phi_{\nu lm}$ の回転は，球面調和関数の回転 (D.23) で表現されるので

$$\begin{aligned}\{\alpha|\tau_\alpha\}\phi_{\nu lm}^{k}(r) &= \sum_{R'}\left[\sum_{m'}\phi_{\nu lm'}(r-\tau_{\nu'}-R')D_{m'm}^{(l)}(\alpha)\right] \\ &\quad \times e^{i\alpha k\cdot(\tau_{\nu'}+R')}e^{-i\alpha k\cdot\tau_\alpha} \\ &= \sum_{m'}\left[\sum_{R'}\phi_{\nu lm'}(r-\tau_{\nu'}-R')e^{i\alpha k\cdot(\tau_{\nu'}+R')}\right] \\ &\quad \times D_{m'm}^{(l)}(\alpha)e^{-i\alpha k\cdot\tau_\alpha} \\ &= \sum_{m'}\phi_{\nu lm'}^{\alpha k}(r)D_{m'm}^{(l)}(\alpha)e^{-i\alpha k\cdot\tau_\alpha}\end{aligned} \tag{E.23}$$

よって，波動関数 $\psi_n^{\alpha k}(r)$ は $\psi_n^{k}(r)$ を用いて

$$\begin{aligned}\psi_n^{\alpha \bm{k}}(\bm{r}) &= \lambda^{\{\alpha|\bm{\tau}_\alpha\}}\{\alpha|\bm{\tau}_\alpha\}\psi_n^{\bm{k}}(\bm{r}) \\ &= \lambda^{\{\alpha|\bm{\tau}_\alpha\}}\sum_{\nu l m}\phi_{\nu l m}^{\bm{k}}(\{\alpha|\bm{\tau}_\alpha\}^{-1}\bm{r})C_{\nu l m,n}^{\bm{k}} \\ &= \lambda^{\{\alpha|\bm{\tau}_\alpha\}}\sum_{\nu' l m}\left[\sum_{m'}\phi_{\nu' l m'}^{\alpha\bm{k}}(\bm{r})D_{m'm}^{(l)}(\alpha)e^{-i\alpha\bm{k}\cdot\bm{\tau}_\alpha}\right]C_{\nu l m,n}^{\bm{k}} \\ &= \lambda'^{\{\alpha|\bm{\tau}_\alpha\}}\sum_{\nu' l m'}\phi_{\nu' l m'}^{\alpha\bm{k}}(\bm{r})\sum_m D_{m'm}^{(l)}(\alpha)C_{\nu l m,n}^{\bm{k}} \\ &= \sum_{\nu' l m'}\phi_{\nu' l m'}^{\alpha\bm{k}}(\bm{r})C_{\nu' l m',n}^{\alpha\bm{k}} \end{aligned} \quad \text{(E.24)}$$

$$C_{\nu' l m',n}^{\alpha\bm{k}} = \lambda'^{\{\alpha|\bm{\tau}_\alpha\}}\sum_m D_{m'm}^{(l)}(\alpha)C_{\nu l m,n}^{\bm{k}} \tag{E.25}$$

$$\lambda'^{\{\alpha|\bm{\tau}_\alpha\}} = \lambda^{\{\alpha|\bm{\tau}_\alpha\}}e^{-i\alpha\bm{k}\cdot\bm{\tau}_\alpha} \tag{E.26}$$

と書き下せる．

E.7 平面波表示の波動関数の回転

波動関数 $\psi_n^{\bm{k}}(\bm{r})$ が

$$\psi_n^{\bm{k}}(\bm{r}) = \sum_{\bm{K}}\phi^{\bm{k}+\bm{K}}(\bm{r})C_n^{\bm{k}+\bm{K}} \tag{E.27}$$

と表現されているとする．ここで，$\phi^{\bm{k}+\bm{K}}(\bm{r})$ は平面波基底関数

$$\phi^{\bm{k}+\bm{K}}(\bm{r}) = \Omega^{-1/2}\exp[i(\bm{k}+\bm{K})\cdot\bm{r}] \tag{E.28}$$

である．平面波に対する対称操作は

$$\begin{aligned}\{\alpha|\bm{\tau}_\alpha\}\phi^{\bm{k}+\bm{K}}(\bm{r}) &= \phi^{\bm{k}+\bm{K}}(\{\alpha|\bm{\tau}_\alpha\}^{-1}\bm{r}) \\ &= \phi^{\bm{k}+\bm{K}}(\alpha^{-1}\bm{r} - \alpha^{-1}\bm{\tau}_\alpha) \\ &= \phi^{\alpha(\bm{k}+\bm{K})}(\bm{r})e^{-i\alpha(\bm{k}+\bm{K})\cdot\bm{\tau}_\alpha} \end{aligned} \quad \text{(E.29)}$$

となるから，波動関数 $\psi_n^{\alpha\bm{k}}(\bm{r})$ は $\psi_n^{\bm{k}}(\bm{r})$ を用いて

$$\begin{aligned}
\psi_n^{\alpha \bm{k}}(\bm{r}) &= \lambda\{\alpha|\bm{\tau}_\alpha\}\{\alpha|\bm{\tau}_\alpha\}\psi_n^{\bm{k}}(\bm{r}) \\
&= \lambda\{\alpha|\bm{\tau}_\alpha\} \sum_{\bm{K}} \{\alpha|\bm{\tau}_\alpha\} \phi^{\bm{k}+\bm{K}}(\bm{r}) C_n^{\bm{k}+\bm{K}} \\
&= \lambda\{\alpha|\bm{\tau}_\alpha\} \sum_{\bm{K}} \phi^{\alpha(\bm{k}+\bm{K})}(\bm{r}) e^{-i\alpha(\bm{k}+\bm{K})\cdot\bm{\tau}_\alpha} C_n^{\bm{k}+\bm{K}} \\
&= \lambda\{\alpha|\bm{\tau}_\alpha\} \sum_{\bm{K}'} \phi^{\alpha\bm{k}+\bm{K}'}(\bm{r}) e^{-i(\alpha\bm{k}+\bm{K}')\cdot\bm{\tau}_\alpha} C_n^{\bm{k}+\alpha^{-1}\bm{K}'} \\
&= \sum_{\bm{K}'} \phi^{\alpha\bm{k}+\bm{K}'}(\bm{r}) C_n^{\alpha\bm{k}+\bm{K}'}
\end{aligned} \tag{E.30}$$

$$C_n^{\alpha\bm{k}+\bm{K}'} = \lambda\{\alpha|\bm{\tau}_\alpha\} e^{-i(\alpha\bm{k}+\bm{K}')\cdot\bm{\tau}_\alpha} C_n^{\bm{k}+\alpha^{-1}\bm{K}'} \tag{E.31}$$

となる．

E.8 恒等表現の構築

固体結晶中における電子密度分布 $n(\bm{r})$ や有効ポテンシャル $V(\bm{r})$ は系の空間群に属するすべての対称操作に対して不変でなくてはならない[*1]．すなわち，空間群の対称操作を $\{\alpha|\bm{\tau}_\alpha\}$ として次式が成り立っている．

$$\{\alpha|\bm{\tau}_\alpha\} n(\bm{r}) = n(\bm{r}) \tag{E.32}$$

そのような関数は群における恒等表現 (invariant representation) となっている．ここでは，球面波表示もしくは平面波表示された関数から恒等表現を構築する手法を考えよう．

まず，ある関数が次のように球面波展開で表されているとする．

$$n(\bm{r}) = \sum_{\nu lm} n_{\nu lm}(|\bm{r} - \bm{R}_\nu|) Y_{lm}(\bm{r} - \bm{R}_\nu) \tag{E.33}$$

このような表現は，各原子位置 ($\bm{R}_\nu = \bm{\tau}_\nu + \bm{R}$) の周りに仮定されたマフィンティン球内の電子密度分布や有効ポテンシャルを表すためにしばしば用いられ

[*1] 本来は，ハミルトニアンを構成する $n(\bm{r})$ や $V(\bm{r})$ の有する対称性から空間群がつくられていると言うべき．

るものである．この表現に対称操作を作用させると

$$\{\alpha|\boldsymbol{\tau}_\alpha\}n(\boldsymbol{r}) = n(\{\alpha|\boldsymbol{\tau}_\alpha\}^{-1}\boldsymbol{r}) \tag{E.34}$$

となるから，関数の引数を計算して

$$\begin{aligned}\{\alpha|\boldsymbol{\tau}_\alpha\}^{-1}\boldsymbol{r} - \boldsymbol{R}_\nu &= \alpha^{-1}\boldsymbol{r} - \alpha^{-1}\boldsymbol{\tau}_\alpha - \boldsymbol{R}_\nu \\ &= \alpha^{-1}\left(\boldsymbol{r} - \boldsymbol{\tau}_\alpha - \alpha\boldsymbol{R}_\nu\right) \\ &= \alpha^{-1}\left(\boldsymbol{r} - \{\alpha|\boldsymbol{\tau}_\alpha\}\boldsymbol{R}_\nu\right)\end{aligned} \tag{E.35}$$

となり，対称操作により変換された原子位置を

$$\boldsymbol{R}_{\nu'} = \{\alpha|\boldsymbol{\tau}_\alpha\}\boldsymbol{R}_\nu \tag{E.36}$$

と書くことにして

$$\begin{aligned}\{\alpha|\boldsymbol{\tau}_\alpha\}n(\boldsymbol{r}) &= \sum_{\nu lm} n_{\nu lm}(|\boldsymbol{r} - \boldsymbol{R}_{\nu'}|)Y_{lm}\left(\alpha^{-1}(\boldsymbol{r} - \boldsymbol{R}_{\nu'})\right) \\ &= \sum_{\nu lm} n_{\nu lm}(|\boldsymbol{r} - \boldsymbol{R}_{\nu'}|)\sum_{m'} Y_{lm'}(\boldsymbol{r} - \boldsymbol{R}_{\nu'})D^{(l)}_{m'm}(\alpha)\end{aligned} \tag{E.37}$$

となる．ここで，球面調和関数の回転に対して (D.24) を用いた．恒等表現 (E.32) から，対称操作の個数を g として

$$\begin{aligned}n(\boldsymbol{r}) &= \frac{1}{g}\sum_\alpha \{\alpha|\boldsymbol{\tau}_\alpha\}n(\boldsymbol{r}) \\ &= \frac{1}{g}\sum_\alpha \sum_{\nu lm} n_{\nu lm}(|\boldsymbol{r} - \boldsymbol{R}_{\nu'}|)\sum_{m'} Y_{lm'}(\boldsymbol{r} - \boldsymbol{R}_{\nu'})D^{(l)}_{m'm}(\alpha) \\ &= \sum_{\nu\nu' lm} n_{\nu lm}(|\boldsymbol{r} - \boldsymbol{R}_{\nu'}|)\sum_{m'} Y_{lm'}(\boldsymbol{r} - \boldsymbol{R}_{\nu'})\frac{1}{g}\sum_{\alpha(\nu\to\nu')} D^{(l)}_{m'm}(\alpha)\end{aligned} \tag{E.38}$$

を得る．最後の等号において，$(\nu \to \nu')$ と変換する対称操作のみを α に関する和に含めることとして $\sum_{\alpha(\nu\to\nu')}$ と表記した．

我々が興味のある対称性の比較的高い結晶系の場合には，その和のほとんどが 0 となる．したがって，0 とならない (νlm) の組を j と書くことにして

$$n(\bm{r}) = \sum_{\nu' j=(\nu l m)} n_j(|\bm{r}-\bm{R}_{\nu'}|) \sum_{m'} Y_{lm'}(\bm{r}-\bm{R}_{\nu'}) \bar{D}_{m'\nu' j} \tag{E.39}$$

$$\bar{D}_{m'\nu'(\nu l m)} = \frac{1}{g} \sum_{\alpha(\nu \to \nu')} D^{(l)}_{m'm}(\alpha) \tag{E.40}$$

となる．

単一元素からなる金属結晶でよく見られる面心立方 (face centered cubic (fcc)) 構造や体心立方 (body centered cubic (bcc)) 構造のような単位胞に一つだけ原子を含む立方晶系の場合の $l=6$ までの球面波からつくられる恒等表現を表 E.1 に示す．また，Ti 金属や Co 金属等のもつ六方最密 (hexagonal close packed (hcp)) 構造の場合における恒等表現を表 E.2 に示す．

次に，平面波表示の関数

$$n(\bm{r}) = \sum_{\bm{G}} n_{\bm{G}} e^{i\bm{G}\cdot\bm{r}} \tag{E.41}$$

に対して恒等表現を求めてみよう．これに空間群の操作を作用して

$$\begin{aligned}
\{\alpha|\bm{\tau}_\alpha\} n(\bm{r}) &= \sum_{\bm{G}} n_{\bm{G}} e^{i\bm{G}\cdot\{\alpha|\bm{\tau}_\alpha\}^{-1}\bm{r}} \\
&= \sum_{\bm{G}} n_{\bm{G}} e^{i\bm{G}\cdot[\alpha^{-1}\bm{r} - \alpha^{-1}\bm{\tau}_\alpha]} \\
&= \sum_{\bm{G}} n_{\bm{G}} e^{i\alpha\bm{G}\cdot\bm{r}} e^{-i\alpha\bm{G}\cdot\bm{\tau}_\alpha} \\
&= \sum_{\bm{G}} \left[n_{\alpha^{-1}\bm{G}} e^{-i\bm{G}\cdot\bm{\tau}_\alpha} \right] e^{i\bm{G}\cdot\bm{r}}
\end{aligned} \tag{E.42}$$

となるから，回転操作 α で結ばれた逆格子ベクトルに対する展開係数には

$$n_{\bm{G}} = n_{\alpha^{-1}\bm{G}} e^{-i\bm{G}\cdot\bm{\tau}_\alpha} \tag{E.43}$$

なる関係のあることが分かる．球面波表示のときの手順と同様に，すべての対称操作について和をとると

$$n_{\bm{G}} = \frac{1}{g} \sum_{\alpha} n_{\alpha^{-1}\bm{G}} e^{-i\bm{G}\cdot\bm{\tau}_\alpha} \tag{E.44}$$

E.8 恒等表現の構築

表 E.1 単位胞に一つだけ原子をもつ立方晶系における $l=6$ までの球面波からつくられる恒等表現.

j	l	m'	$\bar{D}_{m'j}$
1	0	0	+1.0
2	4	−4	+0.4564354646
	4	0	+0.7637626158
	4	+4	+0.4564354646
3	6	−4	+0.6614378278
	6	0	−0.3535533906
	6	+4	+0.6614378278

表 E.2 六方最密構造における $l=6$ までの球面波からつくられる恒等表現. 原子位置 1 と 2 は単位胞における二つの異なる原子位置 $(1/3, 2/3, 1/4;\ 2/3, 1/3, 3/4)$ を表す.

j	原子位置	l	m'	$\bar{D}_{m'j}$
1	1	0	0	+0.7071067812
	2	0	0	+0.7071067812
2	1	2	0	+0.7071067812
	2	2	0	+0.7071067812
3	1	3	−3	+0.5
	1	3	+3	−0.5
	2	3	−3	−0.5
	2	3	+3	+0.5
4	1	4	0	+0.7071067812
	2	4	0	+0.7071067812
5	1	5	−3	+0.5
	1	5	+3	−0.5
	2	5	−3	−0.5
	2	5	+3	+0.5
6	1	3	−3	+0.5
	1	3	+3	+0.5
	2	3	−3	+0.5
	2	3	+3	+0.5
7	1	6	0	+0.7071067812
	2	6	0	+0.7071067812

となる．回転操作 α で結ばれた逆格子ベクトルは星と呼ばれる．逆格子ベクトル $\bm{G}$ から作られた星を $\bm{G}^\star$ と書こう．逆格子ベクトルによっては，異なる対称操作を作用させても同じ逆格子ベクトルを与えるものがあるため，対称操作に関する和を同じ星に属する逆格子ベクトルに関する和とその逆格子ベクトルに導く対称操作に関する和にわけて

$$n_{\bm{G}} = \frac{1}{N_{\bm{G}^\star}} \sum_{\bm{G}' \in \bm{G}^\star} n_{\bm{G}'} \left[\frac{N_{\bm{G}^\star}}{g} \sum_{\alpha(\bm{G}' = \alpha^{-1}\bm{G})} n_{\alpha^{-1}\bm{G}} e^{-i\bm{G}\cdot\bm{\tau}_\alpha} \right] \tag{E.45}$$

を得る．$N_{\bm{G}^\star}$ は星 $\bm{G}^\star$ に含まれる逆格子ベクトルの数である．ここから分かる重要な点は，結晶の並進ベクトルと等しくない $\bm{\tau}_\alpha$ を含む系，すなわち non-symmorphic な空間群の場合に，[$\cdots$] 内の和が 0 となる逆格子ベクトルが可能で，その星に関する展開係数は恒等的に 0 となることである．

付録 F

Green 関数

ここでは，3章で用いる Green 関数に関係する式をまとめる．

F.1 Green 関数と状態密度

Green 関数は演算子として

$$G(\varepsilon) = (\varepsilon - \mathcal{H})^{-1} \tag{F.1}$$

と定義される．ここで，$\mathcal{H}$ は問題としているハミルトニアンである．また，演算子に関する逆数はその多項式展開で定義されているとする．$\mathcal{H}$ に対して，固有関数が分かっているとき，すなわち

$$\mathcal{H}|i\rangle = \varepsilon_i |i\rangle \tag{F.2}$$

のとき，Green 関数は固有関数の行列要素による表式として次のようになる．

$$G_{ij}(\varepsilon) = \langle i|G(\varepsilon)|j\rangle = \langle i|(\varepsilon - \mathcal{H})^{-1}|j\rangle = (\varepsilon - \varepsilon_i)^{-1}\delta_{ij} \tag{F.3}$$

複素関数理論における関係式（$\mathcal{P}$ は主値をとるとして）

$$\frac{1}{x+i\delta} = \mathcal{P}\frac{1}{x} - i\pi\delta(x) \quad (0 < \delta \ll 1) \tag{F.4}$$

を用いて，Green 関数の行列要素の虚部（$\mathcal{I}$）は

$$\mathcal{I}G_{ij}(\varepsilon) = -\pi\delta(\varepsilon - \varepsilon_i)\delta_{ij} \tag{F.5}$$

となるから，状態密度は Green 関数の固有関数に関する行列の対角成分を用いて次式となる．

$$D(\varepsilon) = \sum_i \delta(\varepsilon - \varepsilon_i) = -\frac{1}{\pi} \sum_i \mathcal{I} G_{ii}(\varepsilon) \tag{F.6}$$

ある完全系 $\{|m\rangle\}$ を持ち込み，閉じた関係（closure relation）

$$\sum_m |m\rangle\langle m| = 1 \tag{F.7}$$

を用いると，上記の Green 関数の固有関数に関する行列要素の対角成分の和（トレース）は

$$\begin{aligned}
\sum_i G_{ii}(\varepsilon) &= \sum_{im} \langle m|i\rangle\langle i|G(\varepsilon)|i\rangle\langle i|m\rangle \\
&= \sum_{ijm} \langle m|i\rangle\langle i|G(\varepsilon)|j\rangle\langle j|m\rangle \\
&= \sum_m \langle m|G(\varepsilon)|m\rangle = \sum_m G_{mm}(\varepsilon)
\end{aligned} \tag{F.8}$$

となり，完全系の基底に関するトレースとして書くことが可能である．ここで，固有関数の組は完全系をなすことを用いた．

F.2　Dyson方程式

Green 関数を使う一番のご利益は摂動計算において現れる．ハミルトニアン $\mathcal{H}$ が非摂動項 $\mathcal{H}_0$ と摂動項 V とわけられるとき

$$\mathcal{H} = \mathcal{H}_0 + V \tag{F.9}$$

非摂動項に関する Green 関数を G_0 とおいて

$$G_0(\varepsilon) = (\varepsilon - \mathcal{H}_0)^{-1} \tag{F.10}$$

であるから，ハミルトニアン $\mathcal{H}$ に対応する Green 関数は

F.2 Dyson 方程式

$$\begin{aligned}
G(\varepsilon) &= (\varepsilon - \mathcal{H})^{-1} \\
&= (\varepsilon - \mathcal{H}_0 - V)^{-1} \\
&= (G_0^{-1}(\varepsilon) - V)^{-1} \\
&= G_0(\varepsilon)\left[1 - VG_0(\varepsilon)\right]^{-1} \\
&= G_0(\varepsilon) + G_0(\varepsilon)VG_0(\varepsilon) + G_0(\varepsilon)VG_0(\varepsilon)VG_0(\varepsilon) + \cdots \\
&= G_0(\varepsilon) + G_0(\varepsilon)VG(\varepsilon) = G_0(\varepsilon) + G(\varepsilon)VG_0(\varepsilon)
\end{aligned} \tag{F.11}$$

と書ける．これは Dyson 方程式と呼ばれ，展開式における各項が摂動 V の次数に対応しており，摂動計算に適している表式を与える．例えば，一次摂動による状態密度の変化は，前節での状態密度の式 (F.6) と合わせて

$$\Delta D(\varepsilon) = -\frac{1}{\pi} \sum_i \mathcal{I}\langle i | G_0(\varepsilon) V G_0(\varepsilon) | i \rangle \tag{F.12}$$

と計算できることになる．

引用文献

[1] J.C. Slater and G.F. Koster, Phys. Rev. **94**, 1498 (1954).
[2] D.A. Papaconstantopoulos, *Handbook of the Band Structure of Elemental Solids* (Plenum Press, New York & London, 1986).
[3] O.K. Andersen, Solid State Commun. **13**, 133 (1973).
[4] O.K. Andersen and O. Jepsen, Physica **91**B, 317 (1977).
[5] O.K. Andersen, W. Close, and H. Nohl, Phys. Rev. B **17**, 1209 (1978).
[6] W.A. Harrison, *Electronic Structure and the Properties of Solids* (W.H. Freeman and Co., San Francisco, 1980).
[7] F. Cyrot-Lackmann, Adv. Phys. **16**, 393 (1967).
[8] W.A. Harrison, Solid State Commun. **124**, 443 (2002).
[9] J. Friedel, *Theory of Magnetism of Transition Metals* (Academic Press, 1967).
[10] J. Friedel, *The Physics of Metals 1. Electrons*, ed. by J.M. Ziman (Cambridge University Press, 1969).
[11] N. Ishimatsu, N. Kawamura, H. Maruyama, M. Mizumaki, T. Matsuoka, H. Yumoto, H. Ohashi, and M. Suzuki, Phys. Rev. **83**, 180409(R) (2011).
[12] C.D. Gelatt, Jr., H. Ehrenreich, and R.E. Watson, Phys. Rev. **15**, 1613 (1977).
[13] D.A. Liberman, Phys. Rev. **3**, 2081 (1971).
[14] J.F. Janak, Phys. Rev. **9**, 3985 (1974).
[15] D.G. Pettifor, Commun. Phys. **1**, 141 (1976).
[16] A.R. Williams, *et al.*, *Theory of Alloy Formation* (AIME, 1979).
[17] J.F. Janak, Phys. Rev. **16**, 255 (1977).
[18] K. Terakura, N. Hamada, T. Oguchi, and T. Asada, J. Phys. F: Metal Phys. **12**, 1661 (1982).
[19] R.M. Bozorth, P.A. Wolff, D.D. Davis, V.B. Compton, and J.H. Wernick, Phys. Rev. **122**, 1157 (1961).
[20] J. Crangle and W.R. Scott, J. Appl. Phys. **36**, 921 (1965).

索　引

あ
Anderson 模型 · · · · · · · · · · · · · · · · · 7

い
引力 · 31, 36

う
Wigner-Seitz 球 · · · · · · · · · · 38, 47, 50
ヴィリアル · 51
　　——定理 · · · · · · · · · · · · · 32, 34, 50

え
hcp 構造 Co · · · · · · · · · · · · · · · · · · · 46
hcp 構造 Ru · · · · · · · · · · · · · · · · · · · 23
fcc 構造 Ni · · · · · · · · · · · · · · · · · 46, 76
fcc 構造 Pd · · · · · · · · · · · · · · · · · 23, 77
LCAO 基底 · 8

お
Euler 角 · 96

か
回転操作 · · · · · · · · · · · · · · · · · · · 91, 92
仮想束縛状態 · · · · · · · · · · · · · · · · · 6, 62

き
軌道磁気モーメント · · · · · · · · · · 61, 62
既約表現 · · · · · · · · · · · · · · 20, 87, 104
球面調和関数 · · · · · · · · · · · · · · · · · 3, 83
Curie 温度 · 58
強磁性 · 58, 59

く
凝集 · 31
　　——エネルギー
　　 · · · · 31, 37, 41, 47, 49, 52, 54
強束縛近似パラメータ · · · · · · · · · · · 17
強束縛近似法 · 9

く
空間群 · 103
偶奇性 · 99, 100
Kramers-Kronig 関係 · · · · · · · · · · · 73
Green 関数 · · · · · · · · · · · · · · · · 70, 115

け
k 群 · 106
結合性状態 · 22
原子球近似 · 50

こ
恒等表現 · 110
交番磁場 · 69

さ
再規格化原子法 · · · · · · · · · · · · · · · · · 47
最小基底 · 8
残留磁化 · 60

し
g 因子 · 61
磁化曲線 · 58
磁化反転 · 60
磁気モーメント · · · · · · · · · · · · · · · · · 60

軌道—— ················ 61, 62
スピン—— ········· 61, 62, 65
磁気量子数 ···················· 3
自由電子的なバンド ············ 20
主量子数 ······················ 3
常磁性 ···················· 57, 58
状態密度 ····················· 20

す

スケーリング則 ················ 18
Stoner 条件 ········· 66, 67, 68, 72
スピン軌道相互作用 ············· 62
スピン磁気モーメント ····· 61, 62, 65
スピン帯磁率 ·················· 66
Slater-Koster の表 ············· 12

せ

Zeeman 効果 ·············· 61, 70
Zeeman 分裂 ················· 64
斥力 ·················· 31, 36, 37
遷移元素 ······················ 1
全エネルギー ·················· 32
線形マフィンティン軌道法 ······· 17

た

対称操作 ···················· 103
帯磁率 ······················· 58
　スピン—— ················ 66
　非局所—— ···· 69, 70, 71, 73, 75
体心立方構造 ··················· 1
対数微分 ····················· 51
体積弾性率 ················ 52, 55
Dyson 方程式 ················ 117
断熱ポテンシャル ·············· 32

て

$d\varepsilon$ 軌道 ················ 16, 20
$d\gamma$ 軌道 ·················· 17, 20

d バンド領域 ················ 22
典型金属 ······················ 1

と

動径関数 ··················· 3, 4
閉じた関係 ·············· 72, 116

に

二中心近似 ···················· 10

は

Hartree-Fock 近似 ·········· 65, 66
Pauli 常磁性 ·················· 63
反強磁性 ····················· 57
反共鳴状態 ··················· 23
反結合性状態 ················· 23
反磁性 ···················· 59, 62
バンドエネルギー ········ 40, 42, 44
バンドの反交差 ················ 20

ひ

bcc 構造 Cr ·················· 20
bcc 構造 Fe ·············· 46, 75
bcc 構造 Mo ·················· 23
非局所帯磁率 ····· 69, 70, 71, 73, 75

ふ

部分状態密度 ················· 21
Friedel の模型 ············ 40, 41
Brillouin ゾーン ············ 13, 18
Bloch 関数 ···················· 7
分子場近似 ··················· 65

へ

並進群 ······················ 104
平面波基底関数 ··············· 109
ベクトルポテンシャル ·········· 60

ほ
方位量子数 ·················· 3
飽和磁化 ·················· 60
Bohr 磁子 ·················· 61
保磁力 ····················· 60

め
面心立方構造 ················ 1

も
モーメント定理 ·············· 29

り
立方調和関数 ············ 62, 87

る
Legendre 関数 ·············· 79
Legendre 陪関数 ············ 80

ろ
六方最密構造 ················ 1
六方調和関数 ··············· 62

著者略歴　小口　多美夫　(おぐち　たみお)
　　　　　1956年　岡谷市に生まれる
　　　　　1983年　東京大学大学院理学系研究科博士課程修了（理学博士）
　　　　　現　在　大阪大学産業科学研究所　教授

2012年 7月10日　第1版発行

遷移金属のバンド理論

著　　者 ©小 口 多 美 夫
発 行 者　内　田　　　学
印 刷 者　山　岡　景　仁

発行所　株式会社　内田老鶴圃　〒112-0012 東京都文京区大塚3丁目34番3号
　　　　　　　　　　　　　　電話 03(3945)6781(代)・FAX 03(3945)6782
http://www.rokakuho.co.jp
　　　　　　　　　　　　　　　　　　　　印刷・製本／三美印刷 K.K.

Published by UCIIIDA ROKAKUHO PUBLISHING CO., LTD.
3-34-3 Otsuka, Bunkyo-ku, Tokyo, Japan
ISBN 978-4-7536-5571-7 C3042　　U. R. No. 594-1

バンド理論　物質科学の基礎として
小口多美夫 著　　A5判・144頁・本体2800円

第1章　序
断熱近似／原子単位系

第2章　一電子近似
ハートリー近似／ハートリー・フォック近似／交換相互作用／スレーターの交換ポテンシャル

第3章　密度汎関数法
密度汎関数理論／局所密度近似／交換相関エネルギー／軌道エネルギー／局所密度近似の物理的意味

第4章　周期ポテンシャル中の一電子状態
並進対称性／逆格子／ブリュアンゾーン／ブロッホの定理／波数ベクトル／固有値方程式／ほぼ自由な電子のバンド構造／空間群と既約表現

第5章　擬ポテンシャル法
アルカリ金属やAlのバンド構造／直交化された平面波／擬ポテンシャル／アシュクロフトの擬ポテンシャル／ノルム保存型擬ポテンシャル

第6章　APWとKKR法
マフィンティン近似／ひとつのマフィンティン球の問題／マフィンティン球外の解との接続／コア関数との直交性／APW法／KKR法

第7章　線形法
ひとつの球の問題／線形APW法／KKR-ASA法／カノニカルバンド／LMTO法

付録A　ブラベ格子の行列表現
付録B　グリーン関数

強相関物質の基礎　原子，分子から固体へ
藤森　淳 著　　A5判・268頁・本体3800円

第1章　はじめに

第2章　原子の電子状態
原子軌道／Hartree-Fock近似／多重項構造／周期律

第3章　分子の電子状態
Heitler-London法／分子軌道法／電子相関

第4章　固体中の原子の電子状態
結晶場中の原子／クラスター・モデル／Anderson不純物モデル

第5章　固体中の原子間の磁気的相互作用
反強磁性的な超交換相互作用／強磁性的な超交換相互作用／原子間のスピン・軌道結合／金属中の原子間の磁気的相互作用

第6章　固体の電子状態
様々な格子モデル／金属-絶縁体転移／バンド理論／バンド電子に対する電子相関効果／Fermi液体

付　録
混成軌道の導出／第2量子化／原子内2電子積分のパラメータ化／光電子・逆光電子分光／Clebsch-Gordan係数／原子の電子配置／原子軌道間の移動積分

遍歴磁性とスピンゆらぎ
高橋慶紀・吉村一良 共著　　A5判・272頁・本体5700円

第1章　はじめに
第2章　スピンゆらぎと磁性
第3章　遍歴電子磁性のスピンゆらぎ理論
第4章　磁気的性質へのゆらぎの影響
第5章　観測される磁気的性質
第6章　磁気比熱の温度，磁場依存性
第7章　磁気体積効果へのスピンゆらぎの影響

表示価格は税別の本体価格です．　　　　　　　http://www.rokakuho.co.jp